高等职业技术院校公路类专业教材

工程力学基础习题册

中国劳动社会保障出版社

简　介

本习题册是高等职业技术院校公路类专业教材《工程力学基础》的配套用书。本习题册紧扣教学要求，按照教材模块、任务顺序编排，知识点分布均衡，题型丰富，难易配置适当，有助于学生复习巩固所学知识。

本习题册由郑善桥主编，朱泉汉、马蕾、黄繁参加编写。具体分工如下：郑善桥编写模块一、综合试卷部分，朱泉汉编写模块二、模块三，马蕾编写模块四、模块五，黄繁编写模块六、模块七、模块八。另外，本书图片由尹志平参与绘制和编辑。

图书在版编目(CIP)数据

工程力学基础习题册/郑善桥主编. —北京：中国劳动社会保障出版社，2012
高等职业技术院校公路类专业教材
ISBN 978-7-5045-9854-7

Ⅰ.①工…　Ⅱ.①郑…　Ⅲ.①工程力学-高等职业教育-习题集　Ⅳ.①TB12

中国版本图书馆 CIP 数据核字(2012)第 171694 号

中国劳动社会保障出版社出版发行
（北京市惠新东街 1 号　邮政编码：100029）
出 版 人：张梦欣
*
北京隆昌伟业印刷有限公司印刷装订　新华书店经销
787 毫米×1092 毫米　16 开本　7.25 印张　170 千字
2012 年 8 月第 1 版　2023 年 5 月第 4 次印刷
定价：13.00 元

营销中心电话：400-606-6496
出版社网址：http://www.class.com.cn
http://jg.class.com.cn

目　录

绪论

一、填空题（请将正确答案填在空白处）

1. 工程力学分为____________和____________两个部分。

2. 静力学部分的研究对象为__________，材料力学部分的研究对象为____________。

3. 所谓刚体，就是指物体受到载荷后，其______和______都不发生改变。

4. 在自然界中并不存在刚体这样的物体，刚体只是一个理想化的力学模型。当研究物体的平衡时，将构件视为刚体不会影响____________的精确性。

5. 为了使问题的研究得到简化，材料力学中通常对变形固体做三种假设，它们分别是________________、________________和________________。

二、选择题（请在下列选项中选择一个正确答案并填在括号内）

1. 工程力学的研究对象是（　　）。

A. 流体力学　　B. 土力学

C. 静力学和材料力学　　D. 弹性力学

2. 不属于材料力学研究范围的假设是（　　）。

A. 平面假设　　B. 均匀连续性假设

C. 各向同性假设　　D. 小变形假设

三、判断题（判断正误并在括号内填√或×）

1. 所谓刚体，在自然界中并不存在这样的物体，刚体只是一个理想化的力学模型。当研究物体的平衡时，将构件视为刚体不会影响计算结果的精确性。（　　）

2. 工程上所用的构件都是由固体构成的，当分析其强度、刚度、稳定性时，则不用考虑变形，可把构件视为刚体。（　　）

3. 根据均匀连续性假设，从构件内部任何部位所取的微元体都具有与构件完全相同的力学性能。（　　）

4. 材料力学研究的问题：构件在载荷作用下的基本变形形式；构件在载荷作用下的内力、变形、强度、刚度和稳定性的计算。（　　）

5. 静力学研究的三个问题：物体的受力分析；力系的简化，即将一个复杂力系简化为一个简单的力系；建立各种力系的平衡条件。（　　）

模块一　工程构件的受力分析

任务一　认　识　力

一、填空题（请将正确答案填在空白处）

1．力是物体之间相互的__________作用，这种作用使物体的__________发生变化或使物体的__________发生改变，前者称为力的__________或运动效应，后者称为力的__________或变形效应。

2．在国际单位制中，力的单位是__________。

3．力对物体的作用效果取决于力的________、________和________三要素。

4．力是________，用有向线段 AB 表示一个力__________，其中线段的长度表示__________，线段的方位和指向代表__________，线段的起点（或终点）表示力的__________，线段所在的直线称为力的__________。

5．力系是指作用在物体上的________。

6．平衡是指物体相对于地球保持________或做__________运动的状态。

7．作用在物体上同一点的两个力可以合成为一个合力。合力的________仍在该点，合力的________由这两个力为边所构成的__________的对角线确定。

8．力的平行四边形法则说明，共点二力的合力等于两个分力的________和。

9．作用在刚体上的两个力，使刚体处于平衡的充分必要条件是：这两个力大小________，方向______，且作用在__________。

10．在已知力系上加上或减去任意的__________，并不改变原力系对刚体的作用效果。

11．根据加减平衡力系公理可得到推论——作用于刚体上某点的力，可以沿着它的________移到刚体内任意一点，且__________该力对刚体的作用效果。

12．力的可传性只适用于__________，对于__________则不适用。

13．若刚体受三个力作用而平衡，且其中两个力的__________相交于一点，则此三个力必共面且__________。

14．两个物体间的作用力与反作用力总是同时存在，且两力大小________，方向________，沿着__________分别作用在__________。

二、选择题（请在下列选项中选择一个正确答案并填在括号内）

1．力和物体的关系是（　　）。

A．力不能脱离物体独立存在　　　　B．力可以脱离物体而独立存在

C. 一般情况下力不能脱离物体而独立存在

2. 刚体上存在三个力 $\boldsymbol{F}_1$、$\boldsymbol{F}_2$、$\boldsymbol{F}_3$，它们的大小均不等于零，其中 $\boldsymbol{F}_1$ 和 $\boldsymbol{F}_2$ 沿同一作用线，则刚体处于（　　）。

A. 平衡状态　　B. 不平衡状态

C. 匀速直线运动状态　　D. 匀速圆周运动状态

3. 某刚体在同一平面内作用了汇交于一点且互不平行的三个力，则该刚体（　　）。

A. 一定处于平衡状态　　B. 一定处于不平衡状态

C. 不一定处于平衡状态　　D. 不一定处于失重状态

4. 作用力和反作用力是（　　）。

A. 物体间的相互作用力　　B. 平衡二力

C. 约束反力　　D. 相互垂直的两个分力

5. 物体上有两个力，大小相等，方向相反，作用在一条直线上，则这两个力（　　）。

A. 一定是二力平衡　　B. 一定是作用力和反作用力

C. 一定是约束力和约束反力　　D. 不能确定

6. 作用在刚体上的一群力叫做（　　）。

A. 力偶　　B. 力矩

C. 力系　　D. 分力

7. 作用于刚体上的力，可沿其（　　）移动到刚体上的任意一点，而不改变该力对刚体的运动效果。

A. 作用点　　B. 作用面

C. 方向　　D. 作用线

8. 物体处于平衡状态是指（　　）。

A. 处于静止或做匀速直线运动

B. 相对于地球处于静止或做匀速直线运动

C. 相对于观察者处于静止或做匀速直线运动

D. 相对于地球处于静止

9. 作用于刚体上的两个力，使刚体处于平衡状态的充分必要条件是：这两个力（　　）。

A. 大小相等，方向相反，且作用在同一直线上

B. 大小相等，方向相同，且作用在同一直线上

C. 大小不等，方向相反，且作用在同一直线上

D. 大小相等，方向相反，且不作用在同一直线上

10. 作用在同一物体上的两个力使物体处于平衡状态，则这两个力一定（　　）。

A. 大小相等，方向相反，且作用在同一直线上

B. 大小相等，方向相同，且作用在同一直线上

C. 大小不等，方向相反，且作用在同一直线上

D. 大小相等，方向相反，且不作用在同一直线上

11. 物体在力系的作用下相对于地球做（　　），称为物体处于平衡状态。

A. 匀加速直线运动　　B. 匀减速直线运动

C. 匀速直线运动　　　　　　　　　D. 匀速圆周运动

三、判断题（判断正误并在括号内填√或×）

1. 力使物体运动状态发生变化的效应称为力的外效应。（　）

2. 力的三要素中只要有一个要素不改变，力对物体的作用效应就不变。（　）

3. 客观存在的刚体物质，无论对它施加多大的力，它的形状和大小始终保持不变。（　）

4. 凡处于平衡状态的物体，相对于地球都是静止的。（　）

5. 受力物体与施力物体是相对于研究对象而言的。（　）

6. 在静力学中，用黑斜体大写字母 $\boldsymbol{F}$ 表示力矢量，用普通斜体大写字母 F 表示力的大小。（　）

7. 二力等值、反向、共线是刚体平衡的充分必要条件。（　）

8. 作用在物体上同一点的两个力可以合成为一个合力。合力的作用点仍在该点，合力的大小和方向由这两个力为边所构成的平行四边形的对角线确定。其矢量式为 $\boldsymbol{F}_R=\boldsymbol{F}_1+\boldsymbol{F}_2$。（　）

9. 在已知力系上加上或减去任意的平衡力系，并不改变原力系对刚体的作用效果。（　）

10. 同一平面内作用线汇交于一点的三个力一定平衡。（　）

11. 同一平面内作用线不汇交于一点的三个力一定不平衡。（　）

12. 作用力和反作用力因平衡而相互抵消。（　）

四、简答题

1. 请列举一个二力杆件，并说明二力平衡公理。

2. 设有两个力 $\boldsymbol{F}_1$、$\boldsymbol{F}_2$，下列两种情况所表示的意义有什么不同？

（1）$\boldsymbol{F}_1=\boldsymbol{F}_2$　　　　（2）$|\boldsymbol{F}_1|=|\boldsymbol{F}_2|$

3. 什么是平衡？试举出一两个实例说明物体处于平衡状态。

4．二力平衡公理和作用与反作用公理有什么不同？

5．如图1—1—1所示的四种情况，相同大小的力 $\boldsymbol{F}$ 对同一物体作用的外效应是否相同？为什么？

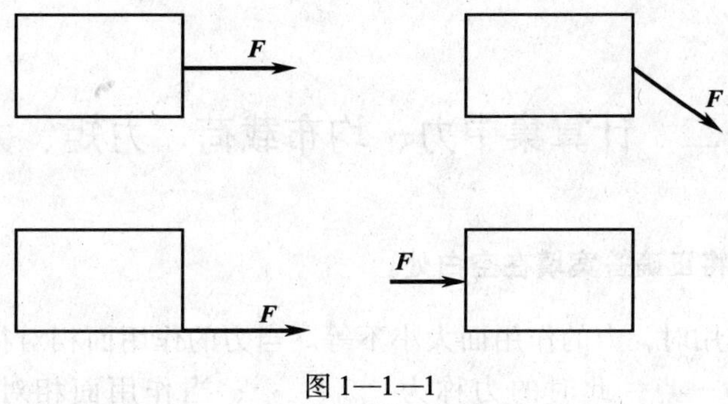

图1—1—1

五、作图题

1．用力的四边形法则求解图1—1—2中各力的合力。

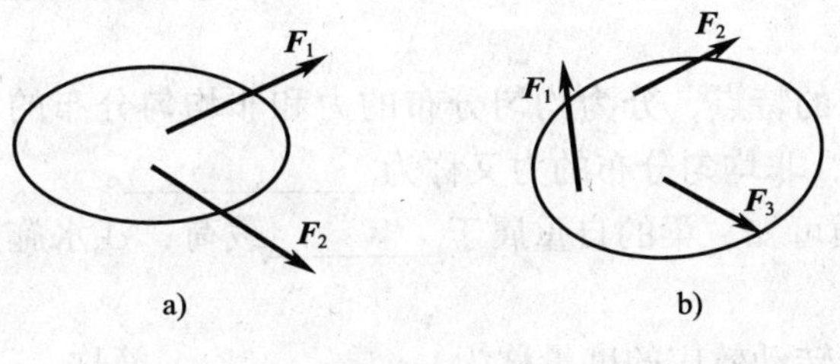

图1—1—2

2. 用力的三角形法则求解图 1—1—3 中力的合力。

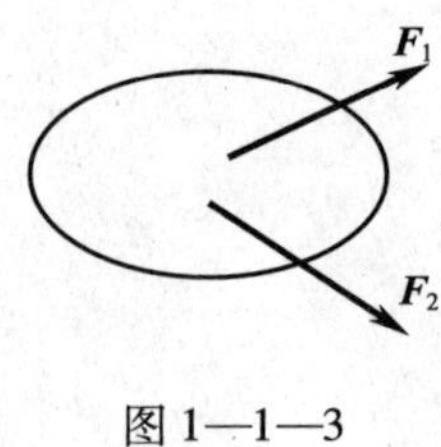

图 1—1—3

任务二　计算集中力、均布载荷、力矩、力偶

一、填空题（请将正确答案填在空白处）

1. 物体间相互作用时，力的作用面大小不等。当力的作用面相对很小时，为了计算简便，将作用面简化为一点，此时的力称为________；当作用面相对较大时，将力称为__________。

2. 计算力 F 在 x 轴上的投影公式为______________，计算力 F 在 y 轴上的投影公式为______________。

3. 根据投影性质可知：当力与投影轴________时，力在该轴上投影的绝对值等于该力的大小；若力与投影轴______时，则力在该轴上的投影等于零。

4. 合力 F_R 在某轴上的投影等于各分力在同一轴上______________，这就是合力投影定理。

5. 分布力按照分布的特点，分为均匀分布的力和非均匀分布的力。其中，均匀分布的力又称为____________，非均匀分布的力又称为____________。

6. 据分布力的性质可知，梁的自重属于________载荷；江水施加在坡形堤坝上的水压属于________载荷。

7. 力使刚体绕某点转动效应的度量称为____________，简称________。

8. 力矩的大小等于____________和______________的乘积。当力的作用线通过矩心时，____________等于零，所以力矩也为零。

9. 力矩是一个代数量，其正负规定：力使物体绕矩心__________转动为正，反之为负。

10. 力矩以符号________表示，O 点称为________，力矩的单位是________。

11. 由大小________、方向________、作用线平行但__________的两个力组成的特殊力系称为力偶，记为__________。

12. 在平面问题中，力偶对物体的作用效果以________和________的乘积来度量，这个乘积称为________，用符号________表示。

13. 平面内的力偶矩是一个代数量，其正负规定：__________转动为正，反之为负。

二、选择题（请在下列选项中选择一个正确答案并填在括号内）

1. 如图 1—2—1 所示，采用 a、b 两种不同的捆法吊起同一重物，已知 $\beta > \alpha$，关于绳索是否易断叙述正确的是（　　）。

A. 图 a 绳索易断　　B. 图 b 绳索易断

C. 两图捆法相同　　D. 无法判断

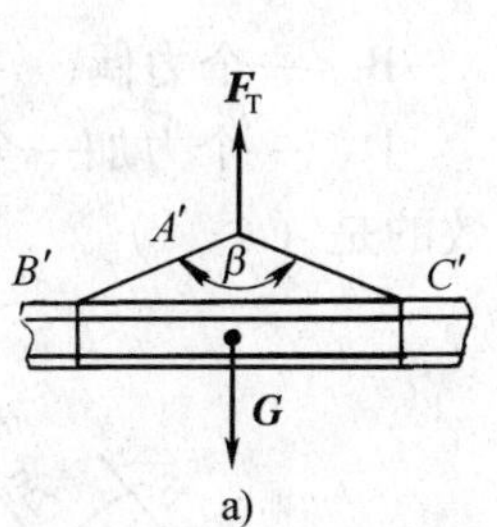

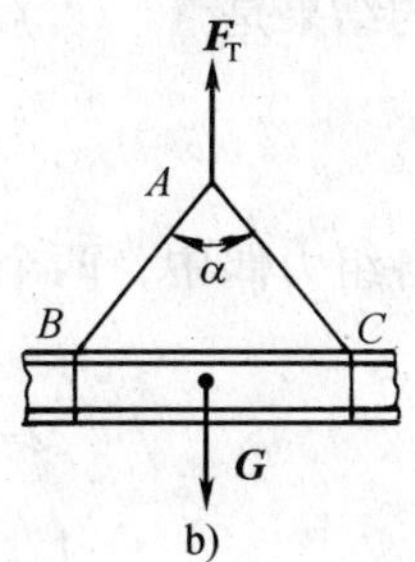

图 1—2—1

2. 当力垂直于轴时，力在轴上的投影（　　）。

A. 大于零　　B. 小于零

C. 等于零　　D. 等于自身

3. 当力平行于轴时，力在轴上的投影（　　）。

A. 大于零　　B. 小于零

C. 等于零　　D. 等于自身

4. 当力 $\boldsymbol{F}$ 与 x 轴成 60°角时，力在 x 轴上的投影为（　　）。

A. $0.866F$　　B. $0.5F$

C. 零　　D. $\boldsymbol{F}$

5. 合力在任一轴上的投影等于各分力在同一轴上投影的（　　）。

A. 代数和　　B. 矢量和

C. 代数差　　D. 矢量差

6. 力在坐标轴上的投影是（　　）。

A. 矢量　　B. 标量

C. 有方向的几何量　　D. 有方向、有正负之分的几何量

7. 度量力使物体绕定点转动的效果用（　　）。

A. 力的大小和方向　　B. 力偶矩

C. 力矩　　D. 力的大小和作用点

8. 力矩的计算式为（　　）。

A. $M_O(F) = Fd$　　B. $M_O(F) = \pm Fd$

C. $M(F) = \pm Fd$　　D. $M(F) = Fd$

9. 力偶矩的计算式为（　　）。

A. $M_O(F, F') = \pm Fd$　　B. $M_O(F, F') = Fd$

C. $M(F, F') = \pm Fd$　　D. $M(F, F') = Fd$

10. 若力 $\boldsymbol{F}$ 的作用线通过其矩心，则其力矩（　　）。

A. 等于零　　B. 不为零

C. 转动效应发生改变　　D. 使物体发生转动

11. 力偶的作用效果是（　　）。

A. 使物体发生移动和转动　　B. 使物体发生移动

C. 效应不能确定　　D. 使物体发生转动

12. 平面力偶合成的结果是（　　）。

A. 一个力　　B. 一个力偶

C. 一对力　　D. 一个力加一个力偶

13. 在下图所示的各组力偶中，两个力偶等效的是（　　）。

6N 5m 6N 4m

A.

M=10N·m M=5N·m

B.

10N 2m M=20N·m

C.

14. 梁的自重可以简化为（　　）。

A. 一个集中力　　B. 一个力偶

C. 均布载荷　　D. 不均布载荷

15. 水渠中的水对堤坝护坡的压力可以简化为（　　）。

A. 一个集中力　　B. 一个力偶

C. 均布载荷　　D. 非均布载荷

16. 火车在桥梁上的制动力可以简化为（　　）。

A. 一个集中力　　B. 一个力偶

C. 均布载荷　　D. 非均布载荷

17. 司机双手握方向盘控制旋转方向可以简化为（　　）。

A. 一个集中力　　B. 一个力偶

C. 均布载荷　　D. 非均布载荷

三、判断题（判断正误并在括号内填√或×）

1. 力在垂直坐标系上投影的绝对值与该力的正交分力大小一定相等。（　　）

2. 力对刚体的外效应分为移动和转动两种。力对刚体的移动效应用力矢度量，力对刚体的转动效应用力矩度量。（　　）

3. 力矩和力偶均是描述受力物体转动效果的物理量，所以它们的含义和性质完全相同。（　　）

4. 力矩使物体绕定点转动的效果取决于力的大小和力臂的大小两个方面。 (　　)

5. 力矩的大小与矩心的位置无关。 (　　)

6. 同时改变力偶中的大小和力偶臂的长短，而不改变力偶的转向，力偶对物体的作用效果不会改变。 (　　)

7. 力偶在任一轴上投影均为零。 (　　)

8. 力偶对其作用面的任一点之矩恒等于力偶矩。 (　　)

9. 力偶无合力。 (　　)

10. 力偶对刚体的转动效应取决于力偶矩的大小和作用面。 (　　)

11. 力偶对刚体的转动效应取决于力偶矩的大小和作用矩心的位置。 (　　)

四、计算题

1. 如图1—2—2所示，已知 $F_1 = F_2 = F_3 = F_4 = 40$ N，试分别求出各力在 x、y 轴上的投影。

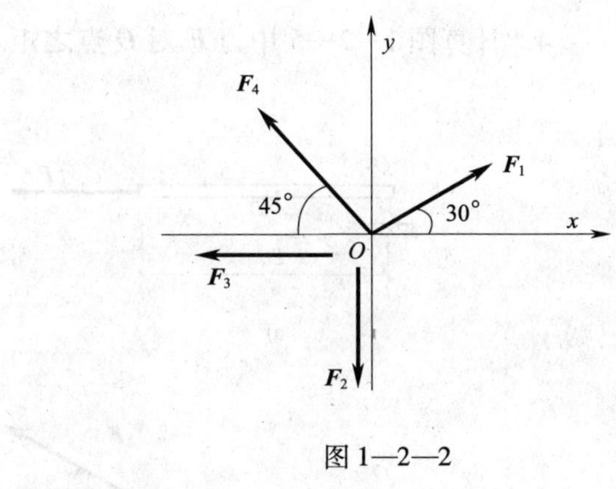

图1—2—2

2. 计算图1—2—3中的合力在直角坐标系中的投影。

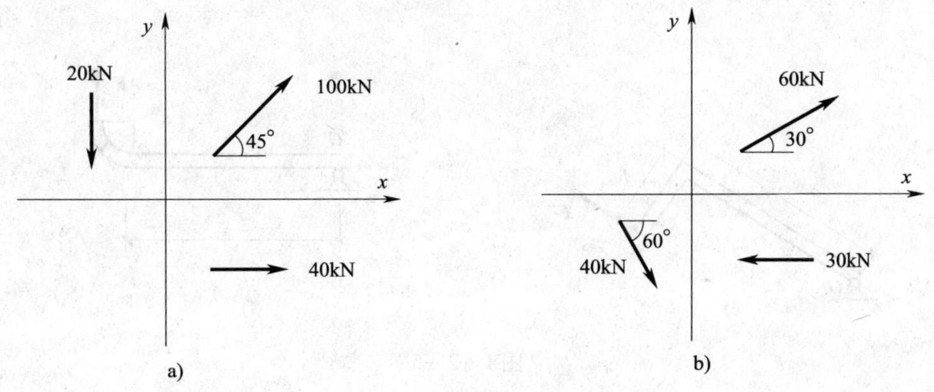

图1—2—3

3．计算图 1—2—4 所示的力 $\boldsymbol{F}$ 对 B 点的力矩。已知 $F=50\ \mathrm{N}$，$l_a=0.6\ \mathrm{m}$，$\alpha=30°$。

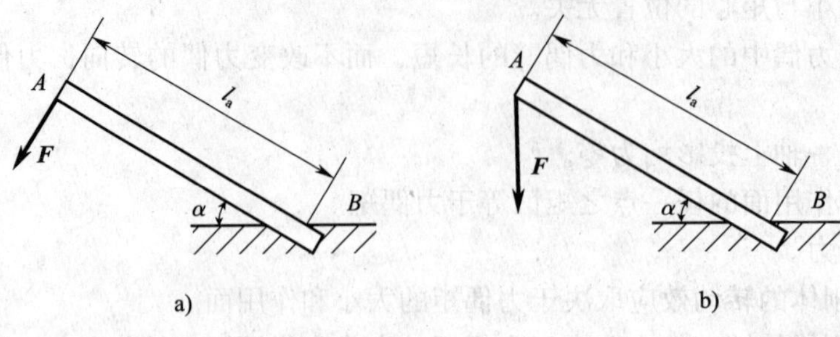

图 1—2—4

4．计算图 1—2—5 中力 $\boldsymbol{F}$ 对 O 点之矩。

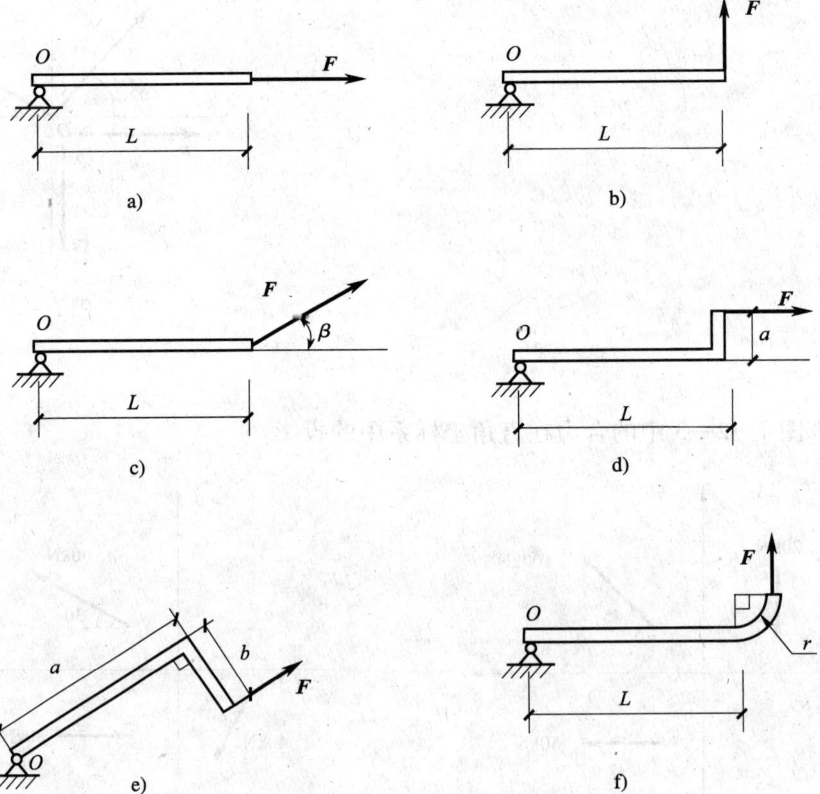

图 1—2—5

5. 在图 1—2—6 所示的矩形板 $ABCD$ 中，$AB = 100$ mm，$BC = 80$ mm，若力 $F = 10$ N，$\alpha = 30°$。试分别计算力 $\boldsymbol{F}$ 对 A、B、C、D 各点的力矩。

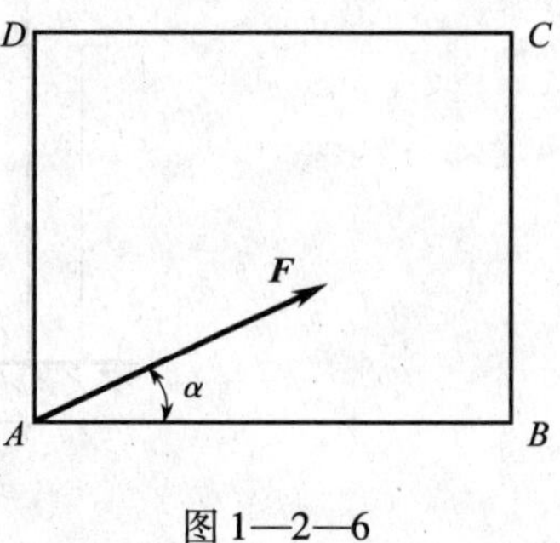

图 1—2—6

6. 如图 1—2—7 所示，已知 $F = 100$ N，$l_a = 80$ mm，$l_b = 15$ mm，试求力 $\boldsymbol{F}$ 对 A 点的力矩。

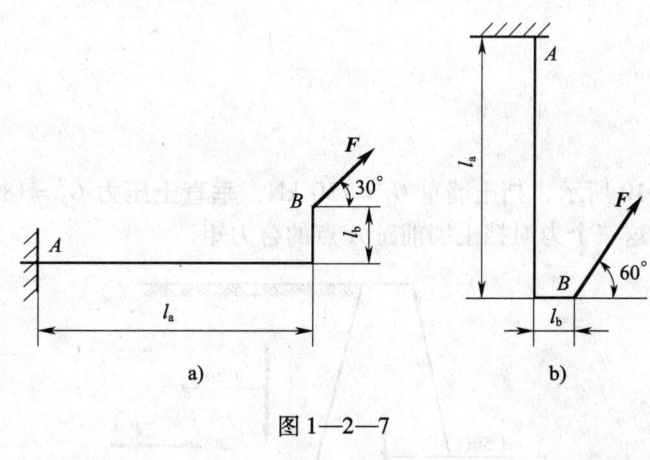

图 1—2—7

7. 计算图 1—2—8 中力 $\boldsymbol{F}$ 对 O 点的力矩。

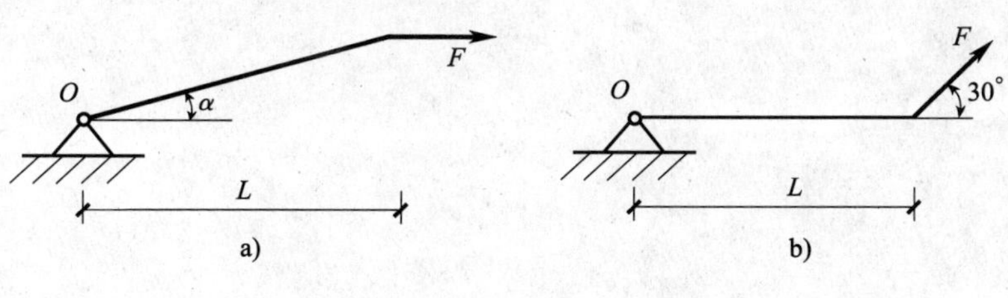

图 1—2—8

8．计算图 1—2—9 所示均布、非均布载荷对 O 点的力矩。

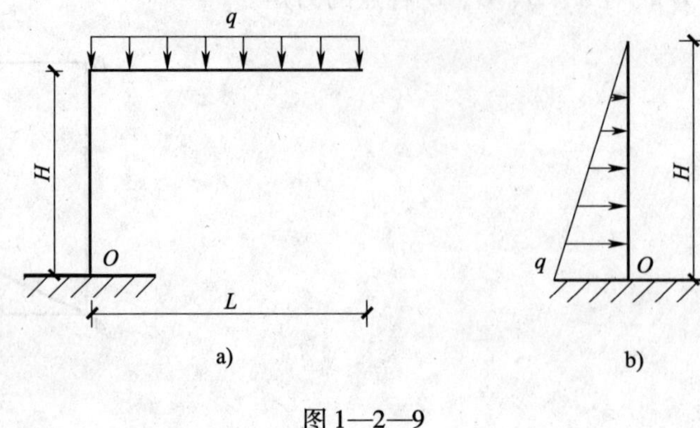

图 1—2—9

9．如图 1—2—10 所示，挡土墙重 $G_1=130$ kN，垂直土压力 $G_2=180$ kN，水平土压力 $F=120$ kN。试计算这三个力对挡土墙前趾 A 点的合力矩。

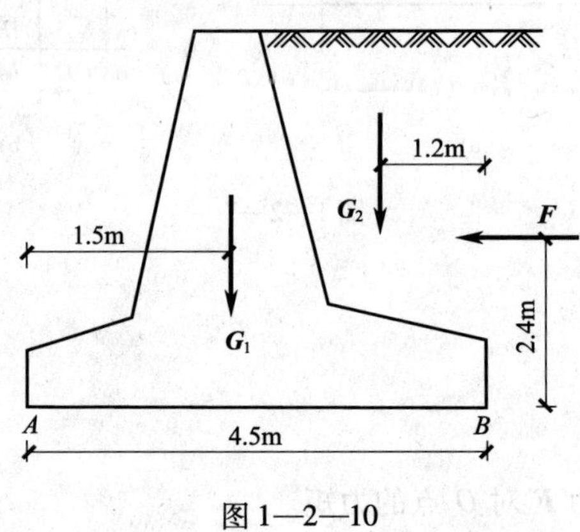

图 1—2—10

10. 预应力构架式台座的尺寸如图 1—2—11 所示。已知作用于每 1 mm 台座上的张拉力 $T=50$ kN，台座及土的自重力 $G=85$ kN，土压力 $P=69$ kN，摩擦力 $F=30$ kN，试计算这四个力的合力对 O 点的力矩。

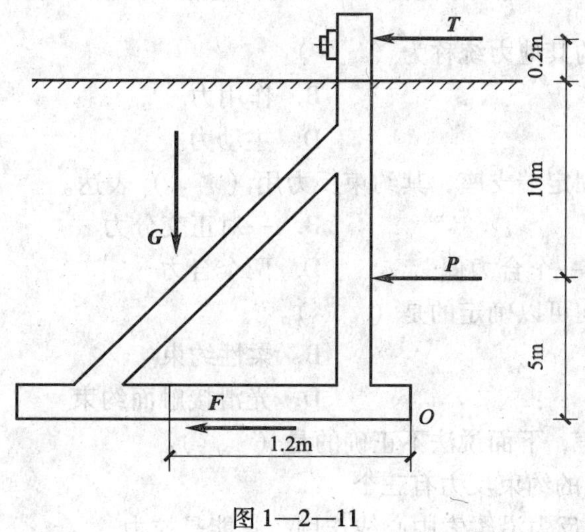

图 1—2—11

任务三　认识约束力

一、填空题（请将正确答案填在空白处）

1. 使物体产生运动或运动趋势的力称为________。限制物体运动的其他物体称为________，这种限制运动的力称为________。

2. 柔性约束的特点是只能承受______，不能承受______。柔性约束的约束力作用点在接触点处，方向沿着柔性物体的中心线______物体，恒为______。

3. 光滑接触面约束只能限制被约束物体沿接触点（面）处__________的运动，不能限制物体沿其他方向的位移。因此，光滑接触面约束反力作用在接触点，方向沿接触表面的__________，并指向被约束物体，恒为________。

4. 一般情况下光滑圆柱铰链约束反力的大小和方向都是________，通常用大小________的两个垂直分力表示。

5. 固定铰支座约束能限制构件沿销钉任何方向的________________，但不限制其____________。固定铰支座反力的作用线不能预先确定，可以用大小未知的______________

分力表示。

6. 约束反力方向可以确定的约束有________和________。

二、选择题（请在下列选项中选择一个正确答案并填在括号内）

1. 约束反力以外的其他力统称为（　　）。

A. 平衡力　　B. 作用力

C. 反作用力　　D. 主动力

2. 固定支座也称固定端支座，其约束反力用（　　）表达。

A. 一个合力　　B. 一对正交分力

C. 一个合力和一个合力偶　　D. 两个合力

3. 约束反力的指向可以确定的是（　　）。

A. 固定铰支座　　B. 柔性约束

C. 固定端支座　　D. 光滑接触面约束

4. 对约束反力而言，下面说法不正确的是（　　）。

A. 固定端支座的约束反力有三个

B. 柔性约束的反力沿柔索中心线作用，只能是拉力

C. 活动铰支座的约束反力通过铰链中心，方向不定

D. 光滑接触面约束反力方向沿接触表面的公法线指向物体，恒为压力

5. 约束反力的方向必与（　　）的方向相反。

A. 主动力　　B. 重力

C. 限制力　　D. 摩擦力

6 光滑面约束的约束反力总是指向被约束物体，且沿接触面的（　　）方向。

A. 公切线　　B. 公法线

C. 铅垂线　　D. 任意

7. 固定端约束的约束反力表示方式是（　　）。

A. 一个力偶加一个力　　B. 一个力矩加一个力

C. 一个力偶加两个垂直分力　　D. 一个力矩加一个合力

三、判断题（判断正误并在括号内填√或×）

1. 固定支座约束常被称为插入端约束，该约束除限制嵌固端任何方向的移动外，还约束了物体的平面转动。（　　）

2. 约束反力方向可以确定的约束有固定铰支座，方向不能直接确定的约束有活动铰支座和固定端约束。（　　）

3. 固定铰支座反力的作用线不能预先确定，可以用大小未知、相互垂直的两个分力表示。（　　）

4. 固定铰支座约束和活动铰支座约束的约束反力作用线必定通过铰链中心。（　　）

5. 固定铰支座约束反力方向不确定，故常用 $\boldsymbol{F}_x$、$\boldsymbol{F}_y$ 来表示。（　　）

6. 绳索的约束力的作用线沿着绳索的中心线，指向可假设。（　　）

四、作图题

根据受力情况，分别在图 1—3—1 各分图中画出梁的支座反力，并按规定标注。

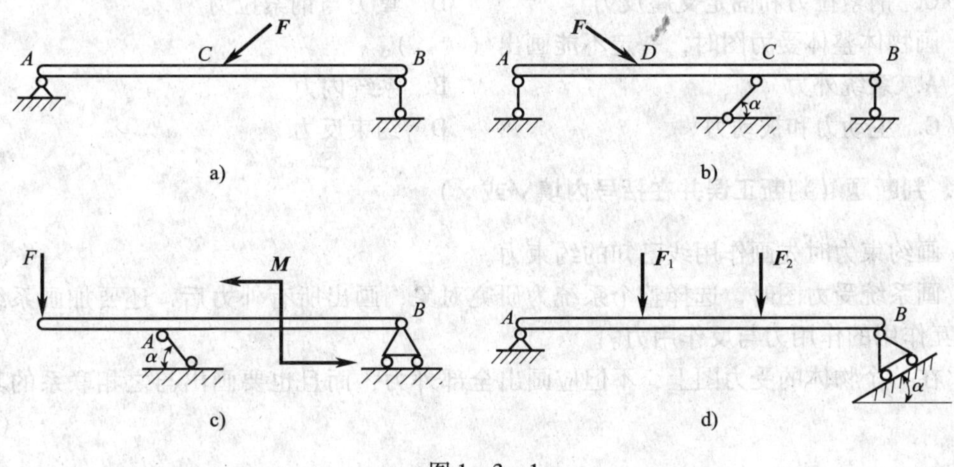

图 1—3—1

任务四　画杆件的受力图

一、填空题（请将正确答案填在空白处）

1. 单个物体的受力分析思路是：取____为研究对象；针对研究对象画受力图。画单个物体受力图时注意：先画________，再画__________。

2. 两个或两个以上物体组成的物体系统受力分析思路是：取__________为研究对象；针对研究对象画受力图。画受力图时注意：先画__________，再画约束力；只画______的物体对系统的约束力，不画________的约束力。

3. 画约束反力的顺序是：先画作用线______的约束力，再画剩下的约束力。

二、选择题（请在下列选项中选择一个正确答案并填在括号内）

1. 画系统受力图时，研究对象是（　　）。

A. 整个系统　　B. 单个物体

C. 关联在一起的几个物体　　D. 单个物体及相连的两物体

2. 画系统中各分受力物体的受力图时，需要假想将系统内、外的约束取消，这样一个受力分析过程叫做（　　）。

A. 选取研究对象　　B. 受力分析

C. 解除约束　　D. 画分离体受力图

3. 画受力图时，首先考虑画出的外力是（　　）。

A. 光滑面接触力和固定支座反力　　B. 固定支座和活动支座反力

C. 钢索拉力和固定支座反力　　D. 重力与钢索拉力

4. 画物体整体受力图时，一定不能画出（　　）。

A. 系统外力　　B. 系统内力

C. 主动力和被动力　　D. 约束反力

三、判断题（判断正误并在括号内填√或×）

1. 画约束力时先画作用线已知的约束力。（　　）

2. 画系统受力图时，选择整个系统为研究对象，画出所有外力后，还要加画系统内部物体相互作用的作用力与反作用力。（　　）

3. 在一个物体的受力图上，不但应画出全部外力，而且也要画出与之相联系的其他物体。（　　）

四、作图题

1. 画出图 1—4—1 中各杆件的受力图。图中未画重力的各物体的自重忽略不计，所有接触处均为光滑接触。

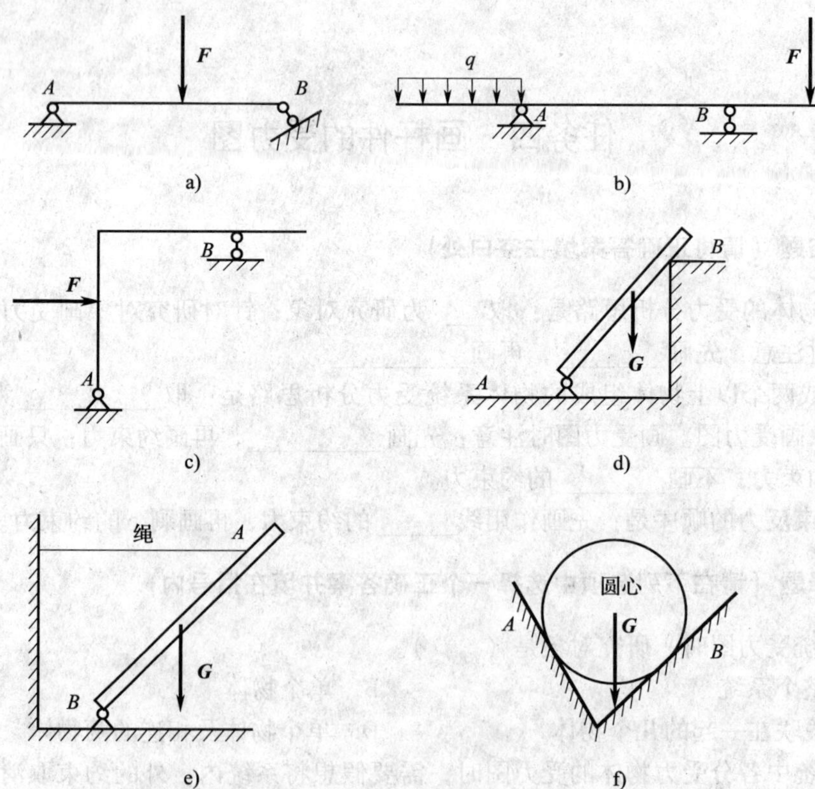

图 1—4—1

2. 画出图 1—4—2 中各杆的受力图和系统的受力图。图中未画重力的各物体的自重忽略不计，所有接触处均为光滑接触。

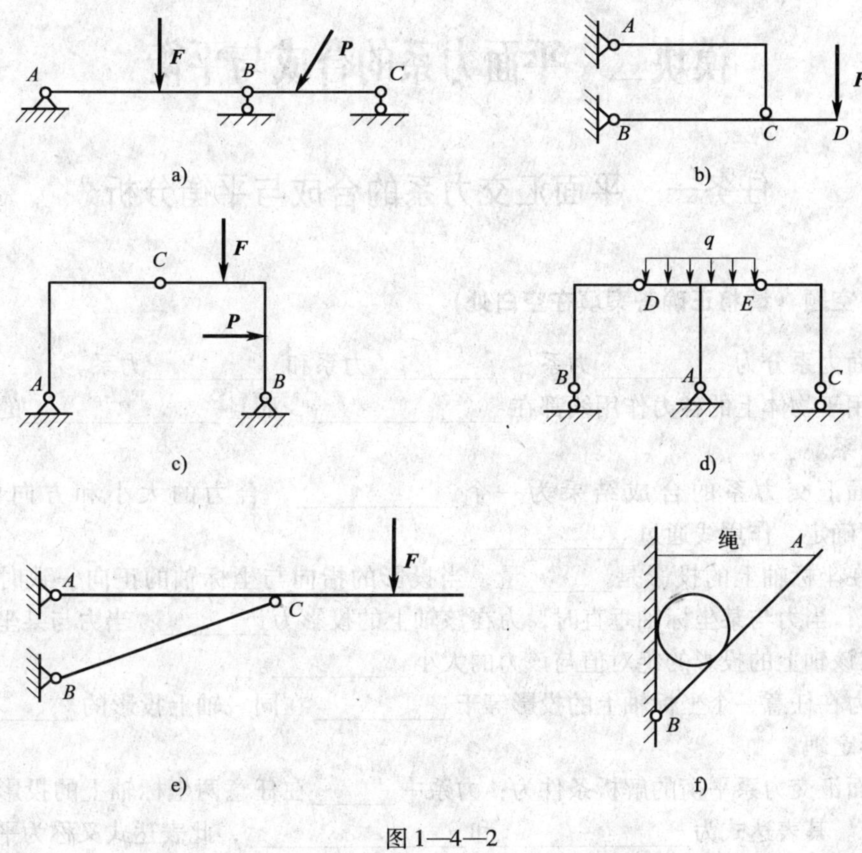

图 1—4—2

模块二　平面力系的合成与平衡

任务一　平面汇交力系的合成与平衡分析

一、填空题（请将正确答案填在空白处）

1. 平面力系分为__________力系、__________力系和__________力系。

2. 作用于物体上的各力作用线都在______________，而且______________的力系称为平面汇交力系。

3. 平面汇交力系的合成结果为一个___________，合力的大小和方向由各力的__________确定，作用线通过____________。

4. 力在坐标轴上的投影是______量，当投影的指向与坐标轴的正向一致时，投影为________号；当力与某坐标轴垂直时，力在该轴上的投影为________；当力与某坐标轴平行时，则力在该轴上的投影的绝对值与该力的大小__________。

5. 合力在任意一个坐标轴上的投影等于__________在同一轴上投影的__________，称为合力投影定理。

6. 平面汇交力系平衡的解析条件为：力系中______在任意两坐标轴上的投影的代数和__________。其表达式为______________和_______________，此表达式又称为平面汇交力系的_________________。

7. 两个平衡方程可解________未知量。若求得的未知力为负值，表示该力的实际指向与受力图所示方向__________。

8. 在符合三力平衡条件的平衡刚体上，三力一定构成____________力系。

9. 为了解题方便，选择力系平衡方程的坐标轴应尽量与未知力________或________。

二、选择题（请在下列选项中选择一个正确答案并填在括号内）

1. 平面汇交力系的合力一定等于（　　）。

   A. 各分力的代数和　　B. 各分力的矢量和

   C. 零

2. 平面汇交力系平衡的充分必要条件是（　　）。

   A. 各力对某一坐标轴的投影的代数和为零

   B. 各力在同一直线上　　C. 合力为零

3. 为了便于解题，坐标轴方向的选取方法一般是（　　）。

   A. 水平或铅垂　　B. 任意

   C. 与多数未知力平行或垂直

三、判断题（判断正误并在括号内填√或×）

1．平面汇交力系的合力一定大于任何一个分力。（　　）

2．两个力在同一坐标轴上的投影相等，此两力必相等。（　　）

3．力系在平面内任意一坐标轴上投影的代数和为零，则该力系一定是平衡力系。

（　　）

4．用解析法求平面汇交力系的合力时，置平面直角坐标系于不同位置，合力的大小和方向都是相同的。（　　）

5．受平面汇交力系作用的刚体，若力系合力为零，则刚体一定平衡。（　　）

四、计算题

1．试求图2—1—1中各力在x轴和y轴上的投影。已知$F_1=F_2=F_4=100$ N，$F_3=F_5=150$ N，$F_6=200$ N。

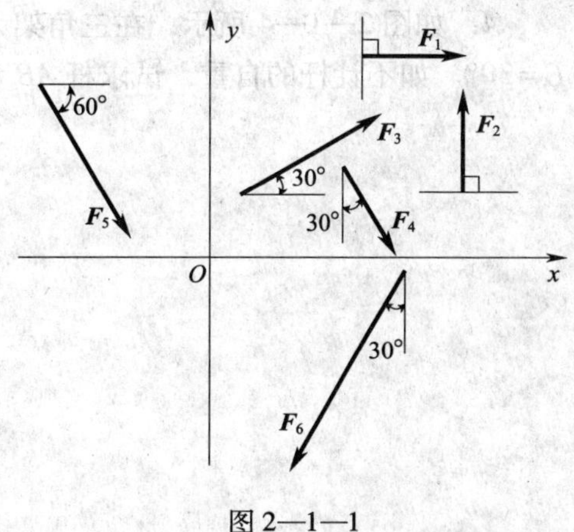

图2—1—1

2．如图2—1—2所示，一固定圆环受三条绳索的拉力作用，力$\boldsymbol{F}_1$沿水平方向，力$\boldsymbol{F}_2$与水平方向成40°角，力$\boldsymbol{F}_3$沿铅垂方向。已知$F_1=2$ kN，$F_2=4$ kN，$F_3=3$ kN。试用解析法求合力的大小。

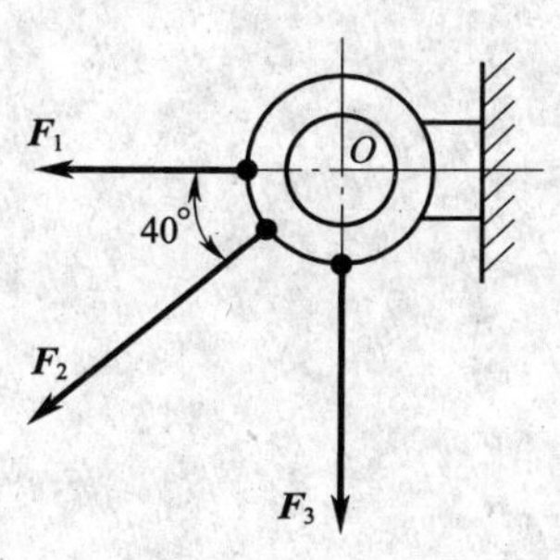

图2—1—2

3. 如图 2—1—3 所示，重为 G 的球体放在倾角为 30°的光滑斜面上，并用绳 AB 系住，AB 与斜面平行，试求绳 AB 的拉力以及斜面对球体的约束反力。

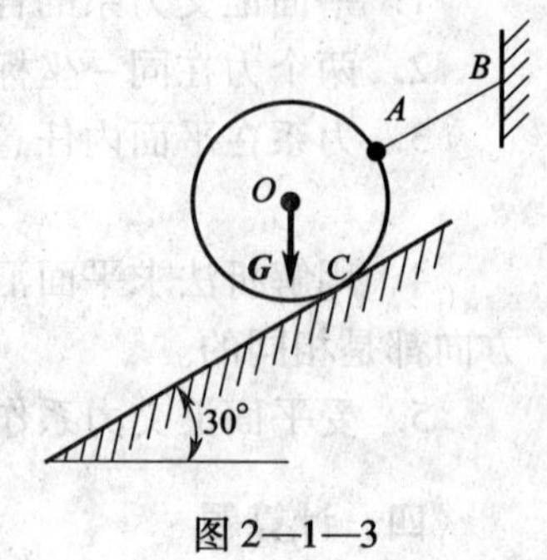

图 2—1—3

4. 如图 2—1—4 所示，在三角架 ABC 的销钉 B 上挂一重 200 N 的物体，已知 $\alpha=45°$，$\beta=30°$。如不计杆的自重，试求杆 AB 和 BC 所受的力。

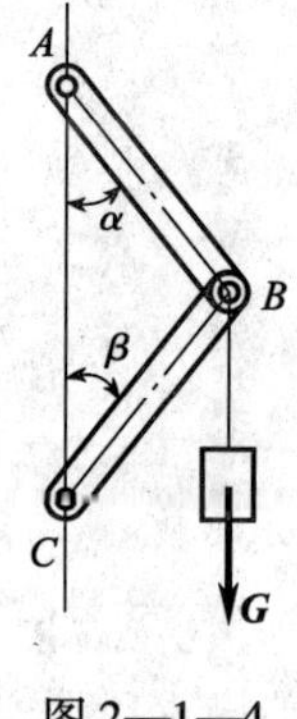

图 2—1—4

5. 如图 2—1—5 所示，起吊双曲拱桥的拱肋时，在图示位置平衡，试求钢索 AB 和 AC 的拉力。设 $W=30$ kN。

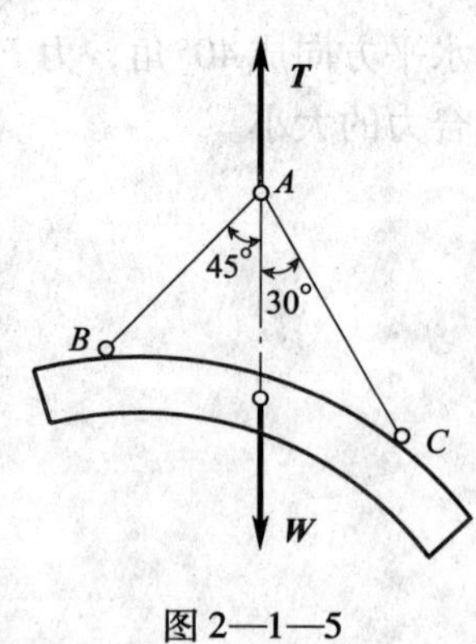

图 2—1—5

6. 梁 AB 在 C 点受力 $\boldsymbol{P}$ 作用，如图 2—1—6 所示。已知 $P=20$ kN，梁自重不计，试求支座 A、B 的反力。

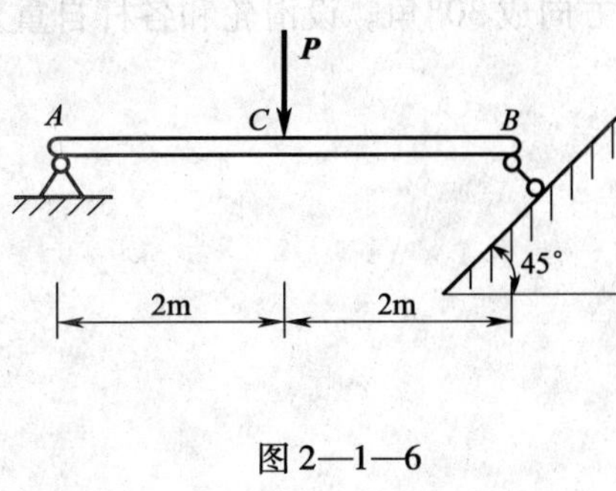

图 2—1—6

7. 在图 2—1—7 所示的压榨机构 ABC 中，A、C 两处是铰链，B 处是固定铰支座，作用在铰链 A 处的水平力 $\boldsymbol{F}$ 使压块 C 压紧物体 D。若不计各接触面的摩擦，试求物体 D 所受的压力。

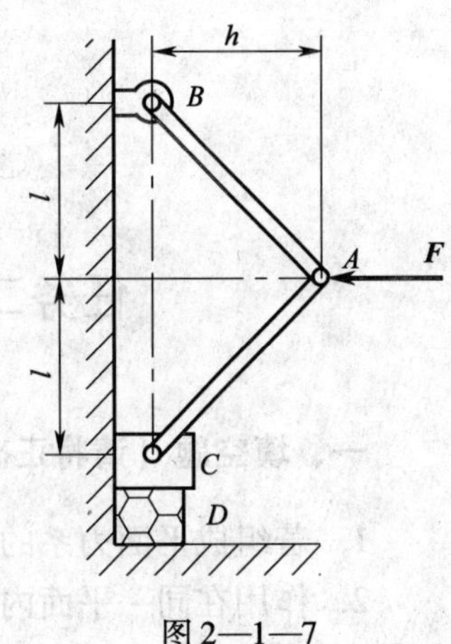

图 2—1—7

8. 如图 2—1—8 所示，起重机支架的 AB、AC 杆用铰链支撑在主柱上，并在 A 点用铰链互相连接，绳索一端绕过滑轮 A 起吊重物 $G=20$ kN，另一端连接在卷扬机 D 上，AD 与水平方向成 30°角。设滑轮和各杆自重及滑轮的大小均不计，求平衡时杆 AB 和 AC 所受的力。

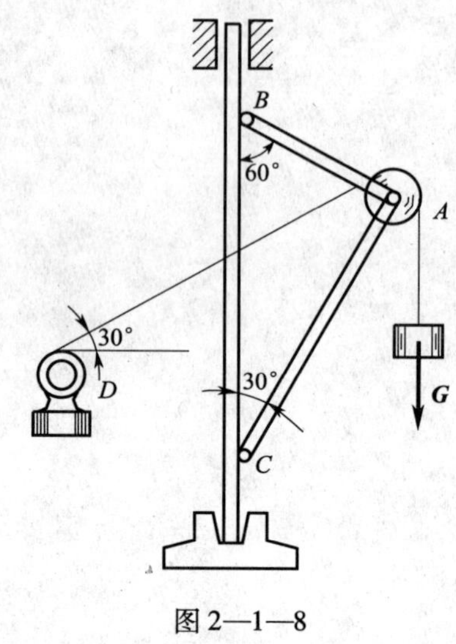

图 2—1—8

任务二　平面力偶力系的合成与平衡分析

一、填空题（请将正确答案填在空白处）

1. 若组成平面力系的力都是力偶，这样的力系称为______________。

2. 作用在同一平面内的任意 n 个力偶可以合成为一个力偶，其合力偶矩等于各个力偶矩的__________。

3. 平面力偶力系的合成结果为____________，所以平面力偶力系的平衡条件为____________________。

二、计算题

1. 如图 2—2—1 所示，用多轴钻床在工件上同时钻四个直径相同的孔，各孔都受到钻头的力偶的作用，其力偶矩均为 $M=10$ N · m，求工件受到的合力偶矩。如工件在 A、B 两处用螺栓固定，A、B 孔距 $L = 250$ mm，求两螺栓所受的水平力。

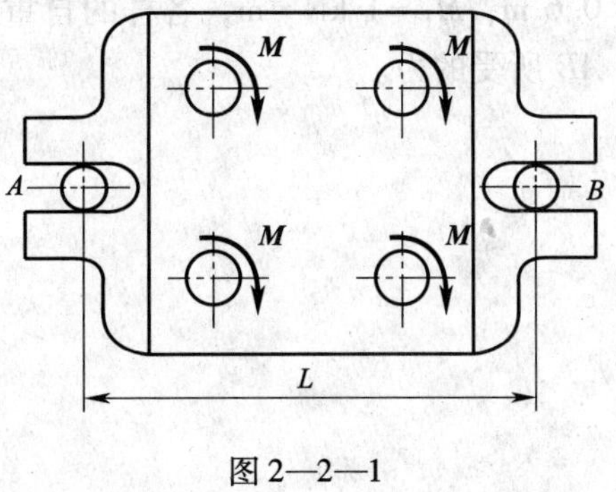

图 2—2—1

2．如图 2—2—2 所示，梁 AB 受一力偶作用，力偶矩 $M = 1$ kN · m。求支座 A、B 的约束反力（$\alpha = 30°$）。

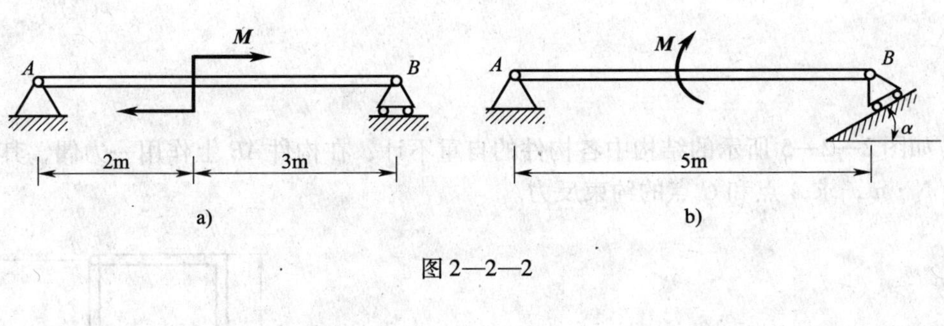

图 2—2—2

3．如图 2—2—3 所示，一刚架受两个力偶的作用，已知 $M_1 = 3$ kN · m，$M_2 = 1$ kN · m，$a = 1$ m。试求支座 A、B 两处的约束反力。

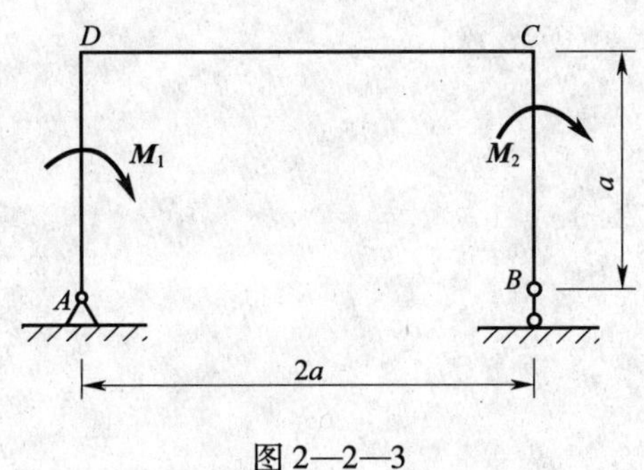

图 2—2—3

4. 如图 2—2—4 所示的四连杆机构 $OABO_1$ 在图示位置平衡。已知 $OA=0.4$ m，$O_1B=0.6$ m，$M_1=1$ kN · m，各杆的自重均不计。试求作用在杆 O_1B 上的力偶矩 M_2 的大小及杆 AB 所受的力。

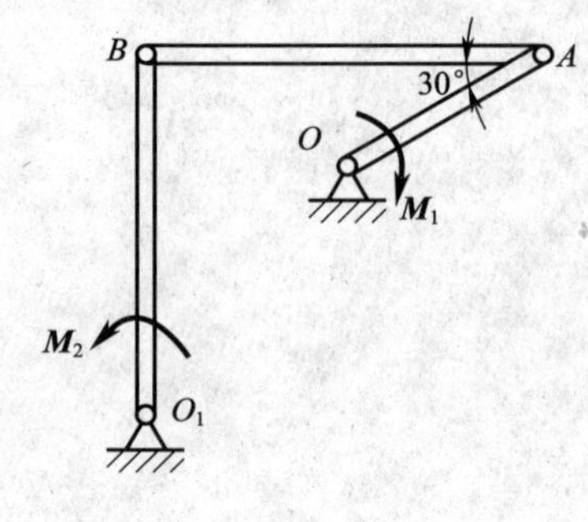

图 2—2—4

5. 如图 2—2—5 所示的结构中各构件的自重不计，在构件 AB 上作用一力偶，其力偶矩 $M=800$ N · m，求 A 点和 C 点的约束反力。

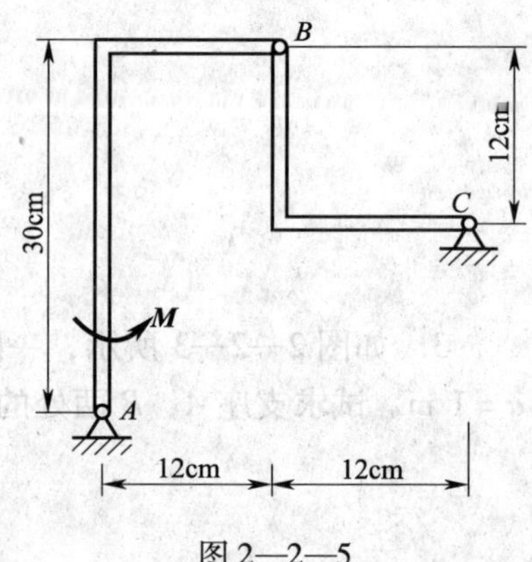

图 2—2—5

任务三　平面一般力系的合成与平衡分析

一、填空题（请将正确答案填在空白处）

1．若诸力的作用线均在同一平面内，但力的作用线的分布是任意的，既不相交于一点，也不都相互平行，这样的力系称为______________。

2．可以把作用在刚体上某点的力 $\boldsymbol{F}$ 平移到________ O，但必须同时附加力偶，这个附加力偶的力偶矩等于力 $\boldsymbol{F}$ 对新作用点 O 的________。

3．将平面一般力系向任意一点 O 简化，可得到一个______和一个______。

4．主矢等于原来各力的矢量和，主矢的大小与简化中心______。主矩等于原来各力对简化中心力矩的代数和，主矩的大小与简化中心________。

5．平面一般力系平衡的充分必要条件是__________________________。

二、选择题（请在下列选项中选择一个正确答案并填在括号内）

1．一力向新作用点平移后，新点上有（　　）。

A．一个力　　B．一个力偶　　C．一个力和一个力偶

2．若平面一般力系向某点简化后合力矩为零，则其合力（　　）。

A．一定为零　　B．不一定为零　　C．一定不为零

3．平面一般力系平衡的充分必要条件是（　　）。

A．合力为零　　B．合力矩为零　　C．主矢和主矩均为零

D．各分力对某坐标轴投影的代数和为零

三、判断题（判断正误并在括号内填√或×）

1．作用于刚体上的力，其作用线可在刚体上任意平行移动，其作用效果不变。（　　）

2．受平面力系作用的刚体，若力系的合力为零，则刚体一定平衡。（　　）

3．某平面力系的合力为零，其合力偶矩也一定为零。（　　）

4．对于受平面一般力系作用的物体系统，最多只能列出三个独立方程，求解三个未知量。（　　）

5．只要正确列出平衡方程，则无论坐标轴方向及矩心位置如何确定，未知量的最终计算结果总应一致。（　　）

6．平面一般力系的平衡方程可用于求解各种平面力系的平衡问题。（　　）

四、简答题

1．试分析平面一般力系的简化结果。

2. 简化中心位置的选取对平面一般力系的简化的最后结果是否有影响？为什么？

五、计算题

1. 图 2—3—1 所示等边三角形 ABC 的边长为 a，今沿其边缘作用均为 $\boldsymbol{P}$ 的力，各力的方向如图所示，试求三力的合成结果。

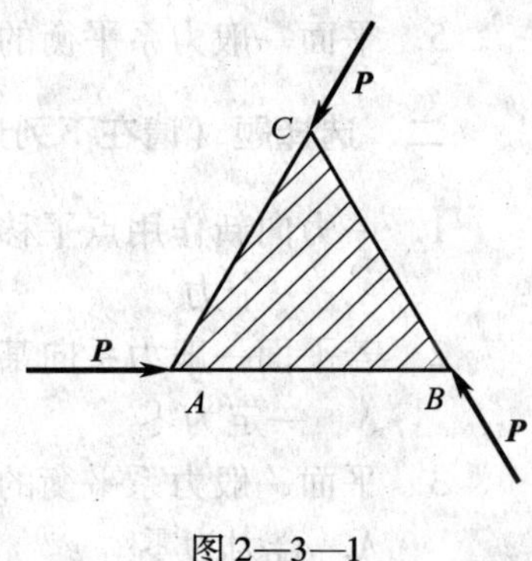

图 2—3—1

2. 如图 2—3—2 所示为水平杆 AB，A 端为固定铰链，C 点用绳索系于墙上。已知铅垂力 $F=1\ 200$ N，如不计杆重，试求绳子的拉力及铰链 A 的约束反力。

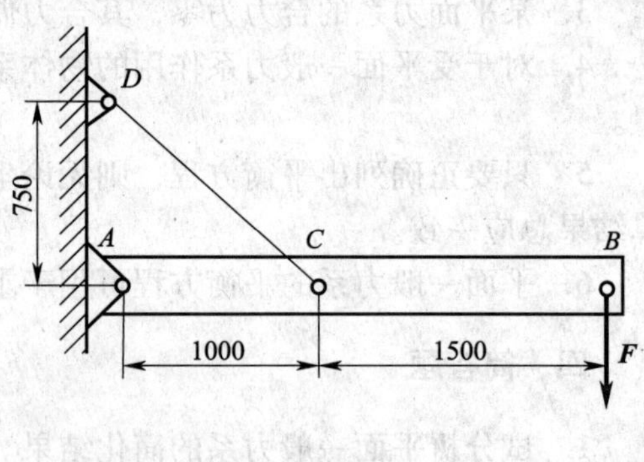

图 2—3—2

3．如图2—3—3所示，悬臂梁 AB 的长度 $L=3$ m，其上作用力偶 $M=2$ kN·m，力 $F=1$ kN。试求固定端 A 的约束反力。

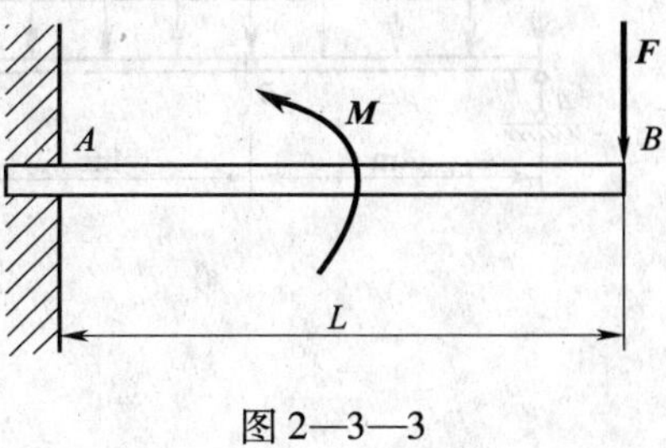

图2—3—3

4．求图2—3—4所示梁 AB 的约束反力。已知 $L_a=200$ mm，$L_b=300$ mm，$F=100$ N。

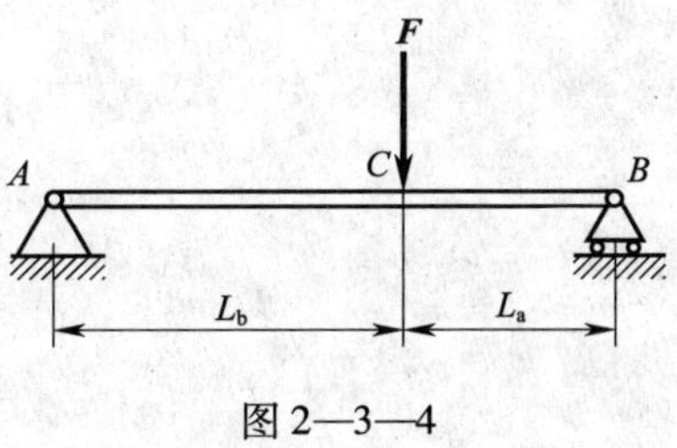

图2—3—4

5．求图2—3—5所示各梁的支座反力。

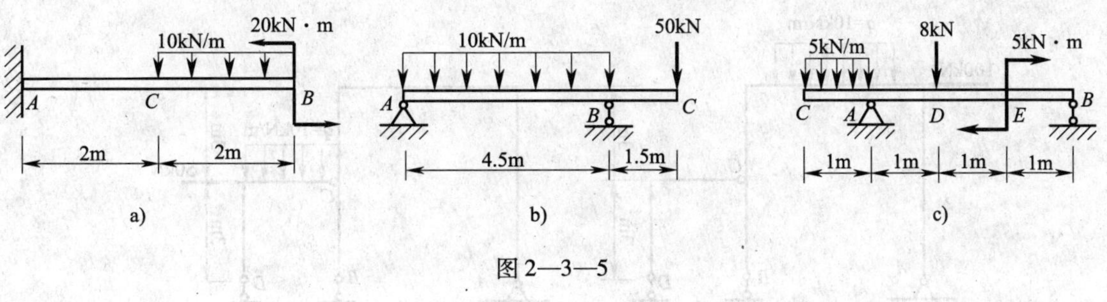

图2—3—5

6．求图 2—3—6 所示多跨梁的反力。

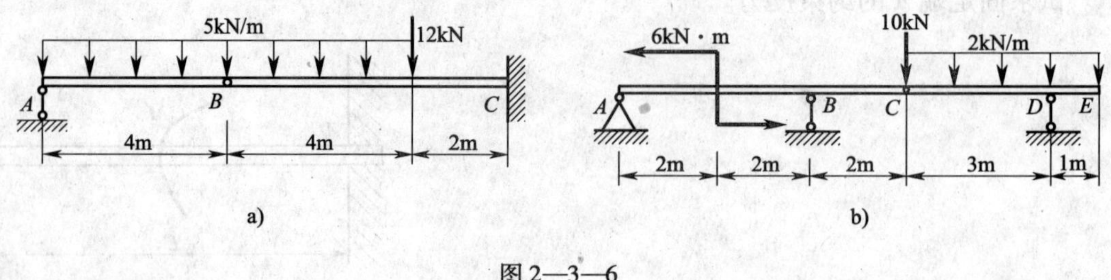

图 2—3—6

7．求图 2—3—7 所示三角形支架铰链 A、B 处的约束反力。

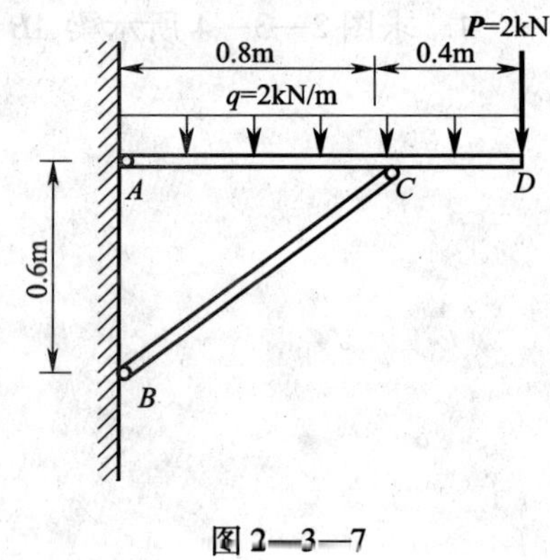

图 2—3—7

8．求图 2—3—8 所示各刚架的支座反力。

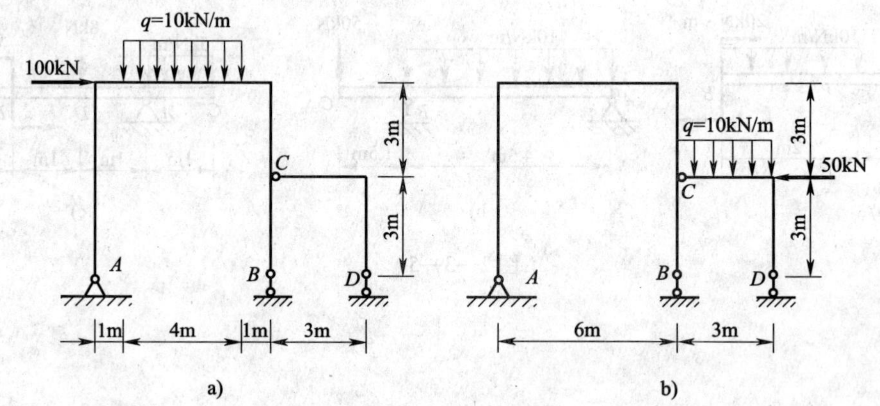

图 2—3—8

9．求图 2—3—9 所示三铰刚架的支座反力。

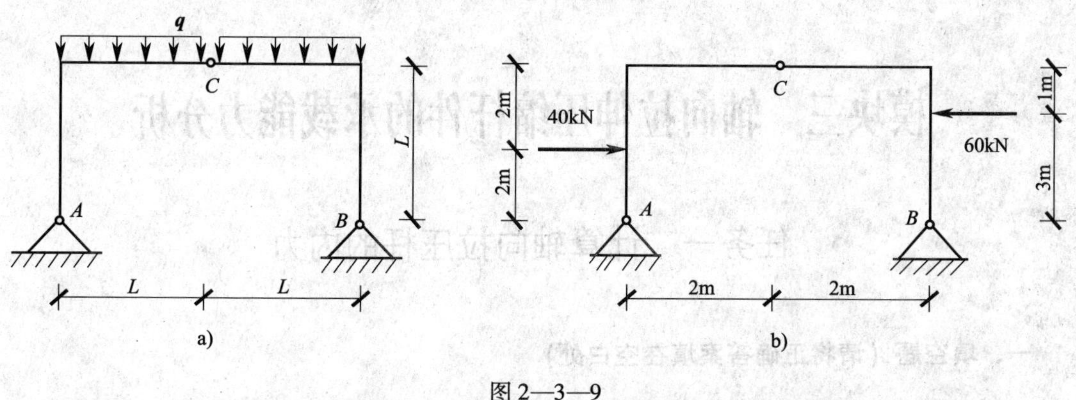

图 2—3—9

10．三铰拱式组合屋架如图 2—3—10 所示，已知 $q = 5\ \mathrm{kN/m}$，试求支座 A 和 B 的反力、拉杆 AB 的拉力及铰链 C 处的反力。

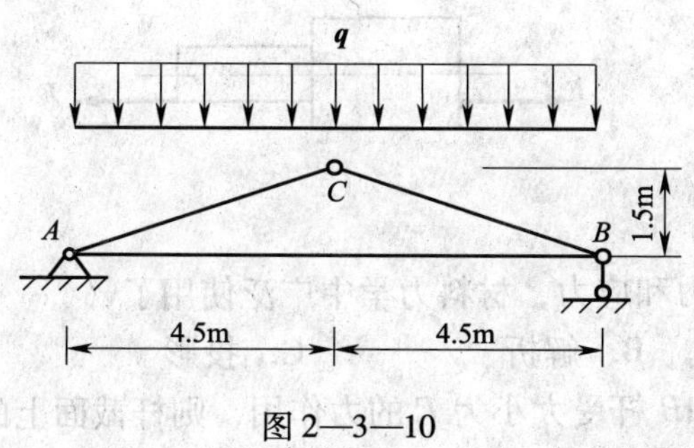

图 2—3—10

模块三　轴向拉伸压缩杆件的承载能力分析

任务一　计算轴向拉压杆的内力

一、填空题（请将正确答案填在空白处）

1. 轴向拉伸和压缩时，杆件的受力特点是作用在杆端的两个力的大小________，方向________，且作用线与杆的________重合；变形特点是杆沿轴线方向伸长或缩短。

2. 作用线通过横截面形心，与杆轴线相重合的内力称为________。

3. 轴力的指向离开其所作用的截面时为____；轴力指向其所作用的截面时为____。

4. ________是反映杆上所有截面轴力大小沿杆长度方向分布情况的图形。

二、选择题（请在下列选项中选择一个正确答案并填在括号内）

1. 下图中符合拉杆定义的是（　　）。

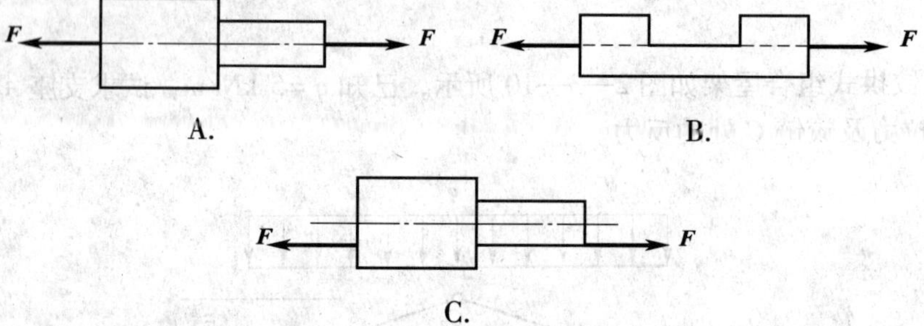

2. 为研究构件的内力和应力，材料力学中广泛使用了（　　）法。

A. 几何　　B. 解析　　C. 投影　　D. 截面

3. 图3—1—1所示 AB 杆受大小为 F 的力作用，则杆截面上的内力大小为（　　）。

A. $F/2$　　B. F　　C. 0

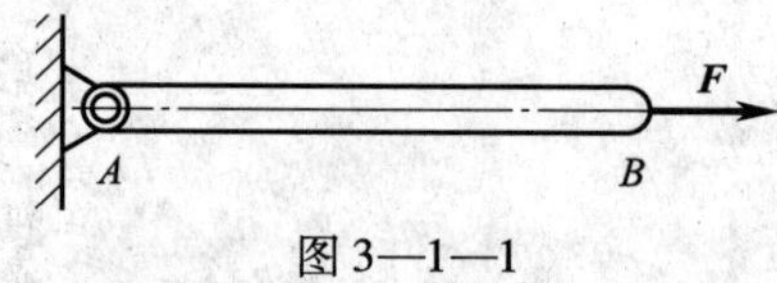

图3—1—1

三、判断题（判断正误并在括号内填√或×）

1. 轴力是因外力而产生的，故轴力是外力。（　　）

2. 拉压变形时，求内力通常用截面法。（　　）

3．截面法表明，只要将受力构件切断，即可观察到断面上的内力。（　　）

4．杆件的不同部位作用着若干个轴向外力，从杆件的不同部位截开时求得的轴力都相同。（　　）

5．使用截面法求得的杆件的轴力与杆件截面积的大小无关。（　　）

四、计算题

1．试求图 3—1—2 所示各杆中 1—1、2—2 截面上的轴力，并作轴力图。

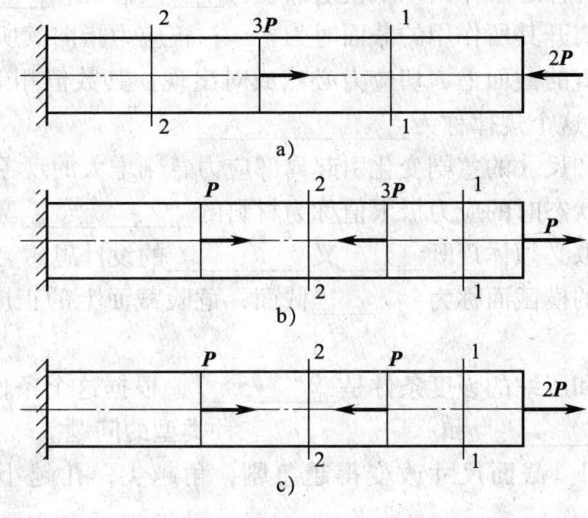

图 3—1—2

2．求图 3—1—3 所示杆 1—1、2—2、3—3 截面上的轴力，并作轴力图。

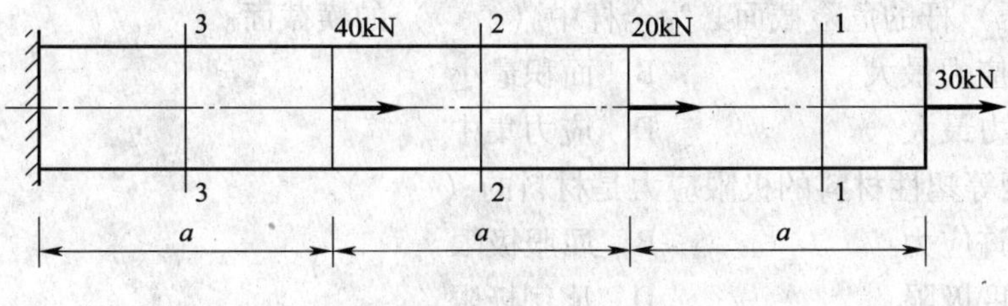

图 3—1—3

任务二　分析拉压杆的承载力

一、填空题（请将正确答案填在空白处）

1. 应力是指受力构件某截面上一点的________。
2. 对于轴向拉压杆件通常作出以下基本假设：______假设和______假设。
3. 正应力的指向离开其所作用的截面时为____；正应力指向其所作用的截面时为____。
4. 在两个互相垂直的截面上，切应力必然成对出现，其数值相等，方向为共同指向或背离两垂直面的交线，这个规律称为______________。
5. 由于杆件形状和尺寸的急剧变化引起局部应力急剧增大的现象称为______________。
6. 材料达到危险状态时的应力极限值称为材料的__________。
7. 安全系数的选取必须体现既______又_________的设计思想。
8. 最大应力所在的横截面称为_______截面，危险截面上的正应力称为最大_______________________。
9. 杆件轴向拉伸和压缩的强度条件是_________，根据这个条件可以解决强度计算中的__________、__________和__________三种类型的问题。
10. 试验结果表明：截面尺寸改变得越急剧，角越尖，孔越小，______的程度就越严重。

二、选择题（请在下列选项中选择一个正确答案并填在括号内）

1. 构件的容许应力［σ］是保证构件安全工作的（　　）。
   A. 最高工作应力　　B. 最低工作应力　　C. 平均工作应力
2. 按照强度条件，构件危险截面上的工作应力应不超过材料的（　　）。
   A. 许用应力　　B. 极限应力　　C. 破坏应力
3. 拉（压）杆的危险截面必为全杆中（　　）的横截面。
   A. 正应力最大　　B. 面积最小
   C. 轴力最大　　D. 应力集中
4. 低碳钢等塑性材料的极限应力是材料的（　　）。
   A. 容许应力　　B. 屈服极限
   C. 强度极限　　D. 比例极限
5. 采用过渡圆角等避免截面尺寸突变的措施可（　　）应力集中现象。
   A. 消除　　B. 降低　　C. 增大

三、判断题（判断正误并在括号内填√或×）

1. 正应力是指垂直于杆件横截面的应力。正应力又可分为正值正应力和负值正应力。（　　）
2. 应力的大小表示了杆件所受内力的大小。（　　）

3．构件的工作应力可以与其极限应力相等。（　）

4．构件上的应力集中部位极易发生破坏。（　）

四、简答题

1．安全系数能否小于或等于 1？它取得过大或过小会引起怎样的后果？

2．什么是应力集中现象？实际生产中常用哪些方法来减小应力集中？

五、计算题

1．如图 3—2—1 所示，在圆杆上铣去一槽。已知钢杆受拉力 $P = 15$ kN，杆直径 $d = 20$ mm，试求杆的横截面 1—1 和 2—2 上的应力（不考虑应力集中，铣去槽的横截面积可近似按矩形计算）。

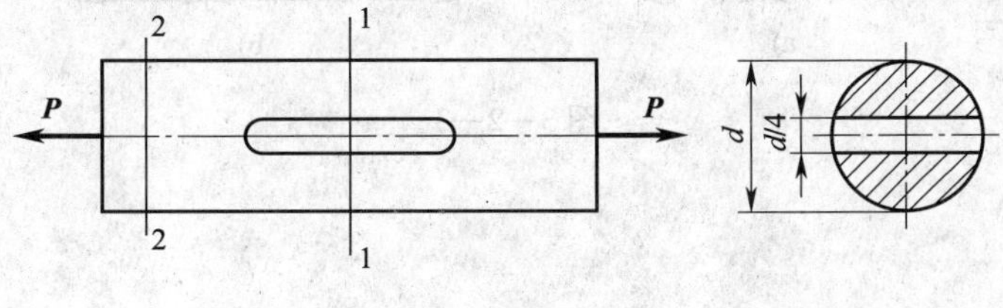

图 3—2—1

2．横截面为正方形的钢杆，截面边长为 a，杆长为 $2l$，中段铣去长为 l、宽为 $a/2$ 的槽，受力如图 3—2—2 所示。若 $F=15\ \text{kN}$，$a=20\ \text{mm}$，试求危险截面上的应力。

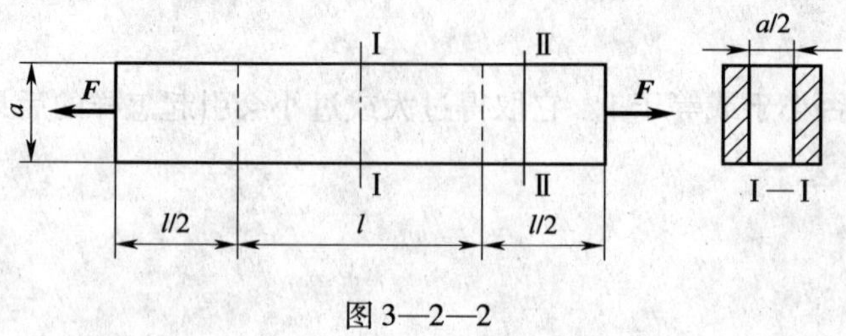

图 3—2—2

3．如图 3—2—3 所示，直杆的横截面积分别为 A 和 A_1，且 $A_1=A/2$，长度为 l，载荷为 $\boldsymbol{P}$。试绘制它们的轴力图，并求出各段横截面上的应力和杆的最大切应力。

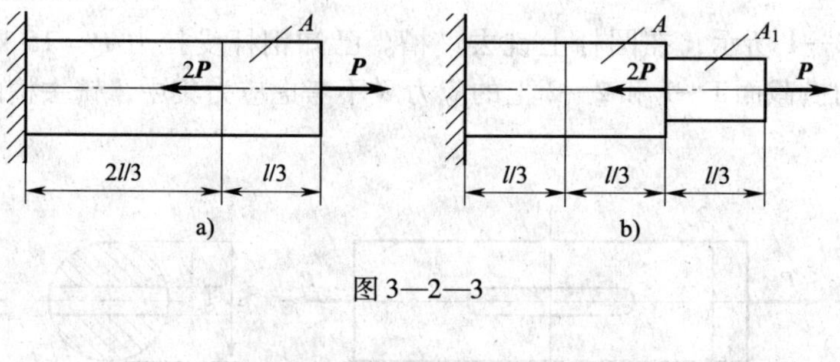

图 3—2—3

4．如图 3—2—4 所示的起重机吊钩的上端用螺母固定，若吊钩螺栓部分的小径 $d=55$ mm，材料的容许应力 $[\sigma]=80$ MPa。试校核螺栓部分的强度。

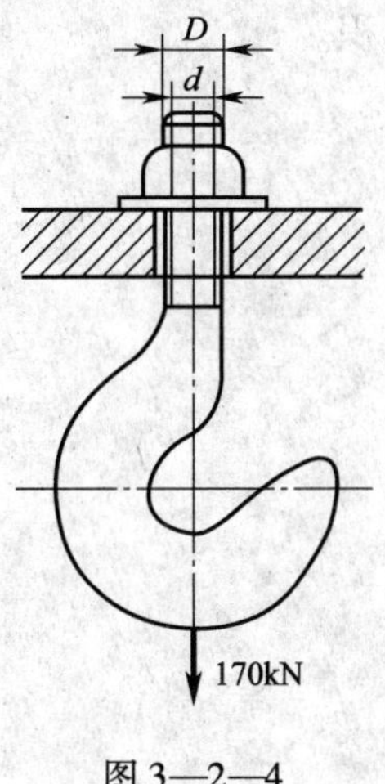

图 3—2—4

5．如图 3—2—5 所示，空心混凝土柱受轴向压力 $F=300$ kN。已知 $l_a=125$ mm，$d=75$ mm，材料的容许应力 $[\sigma_y]=30$ MPa。试校核此柱的强度。

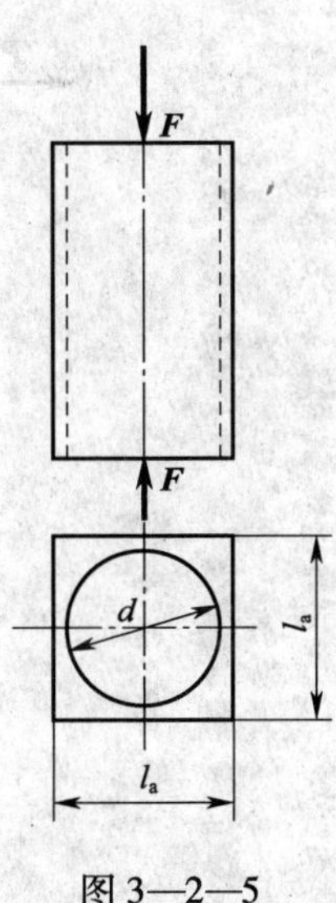

图 3—2—5

6. 如图 3—2—6 所示，重 $Q=50$ kN 的物体挂在支架的 B 点，若 AB 和 BC 杆都是铸铁的，其容许拉应力 $[\sigma_1]=30$ MPa，容许压应力 $[\sigma_y]=90$ MPa。试求 AB 和 BC 杆的横截面积。

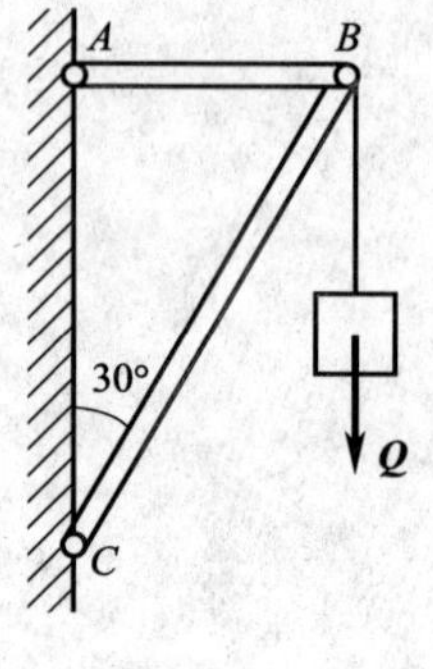

图 3—2—6

7. 如图 3—2—7 所示的钢杆受拉力 $P=40$ kN，其容许应力 $[\sigma]=100$ MPa，横截面为矩形，若 $b=2a$，试确定 a、b 的大小。

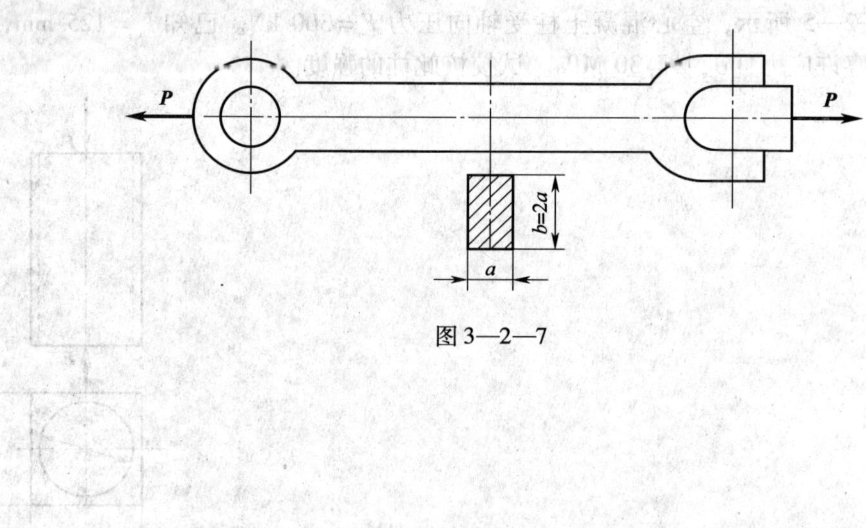

图 3—2—7

8. 如图3—2—8所示，AB 杆为钢杆，其横截面积 $A_1 = 600\ \text{mm}^2$，容许应力 $[\sigma] = 140\ \text{MPa}$；$BC$ 杆为木杆，横截面积 $A_2 = 3 \times 10^4\ \text{mm}^2$，容许压应力 $[\sigma_y] = 3.5\ \text{MPa}$。试求最大容许载荷 P。

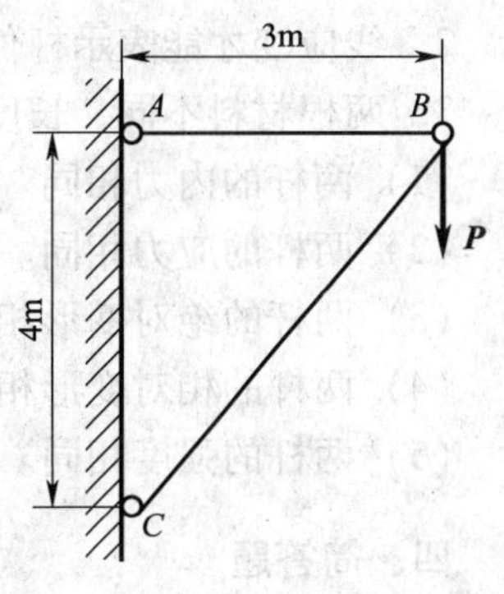

图3—2—8

任务三 计算拉压杆的变形

一、填空题（请将正确答案填在空白处）

1. 杆件在轴向外力作用下，其主要的变形特征是杆沿______伸长或缩短。

2. 通常将单位长度的轴向伸长（或压缩）称为杆轴向______，并用 ε 表示。

3. 经实验证明：当杆内的应力不超过弹性比例极限时，杆的轴向变形量与其所受的外力、杆的原长成____比，与杆的横截面积成____比。

4. 低碳钢试件在整个拉伸试验过程中，其应力 σ 与应变 ε 的关系大致可分为________、__________、__________、___________四个阶段。

5. 工程上通常按断后伸长率的大小把材料分为两大类：$\delta > 5\%$ 的材料称为塑性材料，如___________等；$\delta < 5\%$ 的材料称为脆性材料，如___________等。

6. 脆性材料的抗压能力远比抗拉能力强，适宜于制作______构件；塑性材料的抗压与抗拉能力相近，适宜于制作______构件。

二、选择题（请在下列选项中选择一个正确答案并填在括号内）

1. 胡克定律表明，在材料的弹性变形范围内，应力和应变（　　）。

A. 相等　　B. 互为倒数

C. 成正比　　D. 成反比

2. 在弹性范围内，杆件抗拉刚度 EA 数值越大，杆件变形（　　）。

A. 越容易　　B. 越不易

C. 越显著　　D. 不确定

三、判断题（判断正误并在括号内填√或×）

1．当杆件受拉时，绝对变形 ΔL 为负值。（　）

2．线应变才能表示杆件的变形程度。（　）

3．两根材料不同、长度和横截面积相同的杆件，受相同轴向力作用，则：

（1）两杆的内力相同。（　）

（2）两杆的应力相同。（　）

（3）两杆的绝对变形相同。（　）

（4）两杆的相对变形相同。（　）

（5）两杆的强度相同。（　）

四、简答题

1．低碳钢试件从开始拉伸到断裂的整个过程中经过哪几个阶段？有哪些变形现象？

2．试述塑性材料和脆性材料的力学性能的主要区别。

3．衡量脆性材料强度的指标是什么？为什么？

五、计算题

1．柴油机上的汽缸盖螺栓尺寸如图 3—3—1 所示。已知螺栓承受拧紧力 $F=390$ kN，材料的弹性模量 $E=210$ GPa，试求螺栓的伸长量。（两端螺纹部分不考虑）

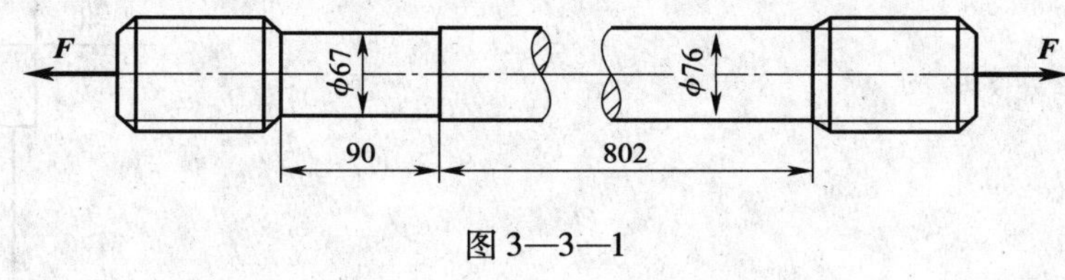

图 3—3—1

2．长 0.3 m 的杆，横截面积为 300 mm^2，受拉力 30 kN 后伸长 0.2 mm。试求该杆材料的弹性模量。

3．试求如图 3—3—2 所示钢杆各段内横截面上的应力和杆的总变形。设杆的横截面积为 1 cm^2，钢的弹性模量 $E=200$ GPa。

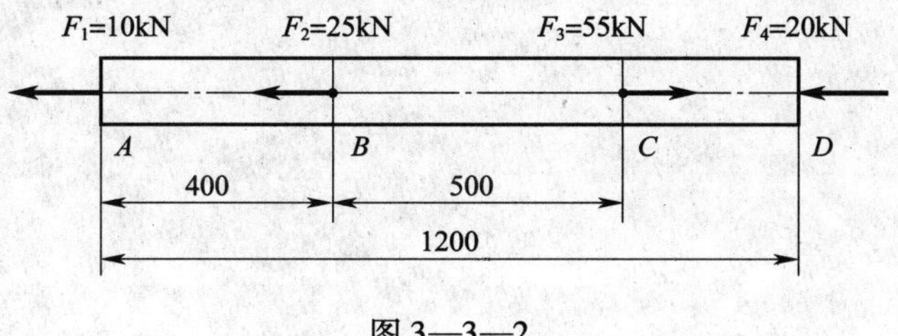

图 3—3—2

4．一圆截面阶梯杆受力如图 3—3—3 所示，已知材料的弹性模量 $E = 200$ GPa，试求杆各段的应力和应变。

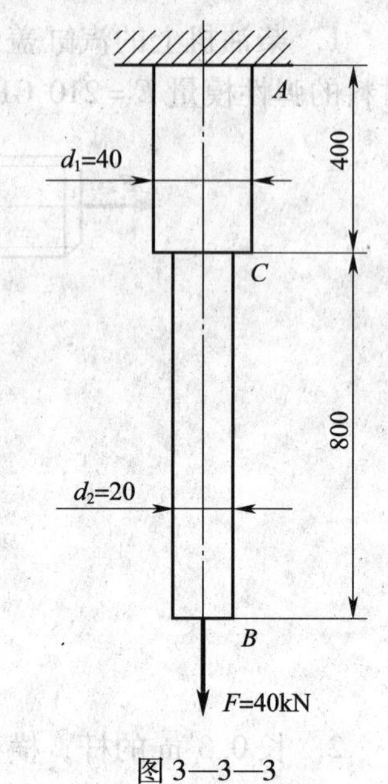

图 3—3—3

5．螺栓的长度为 16 cm，拧紧时，螺栓横截面上的应力为 $\sigma = 150$ MPa，材料的弹性模量 $E = 200$ GPa。试求受力后螺栓的总长度。

模块四　剪切实用计算

一、填空题（请将正确答案填在空白处）

1. 连接件两侧面上分别受到________、________、________的两组外力系的作用，在这样的外力作用下，连接件将沿截面发生相对错动，这种变形形式称为________。

2. 发生________变形的截面，称为受剪面或剪切面。

3. 在工程实用计算中，通常假定受剪面上的________均匀分布，在有效挤压面上的________均匀分布。

4. 剪切强度条件的数学表达式为________________；运用剪切的强度条件可以对构件进行________校核。

5. 如图4—1—1所示构件的剪切面积是________，挤压面积是________。

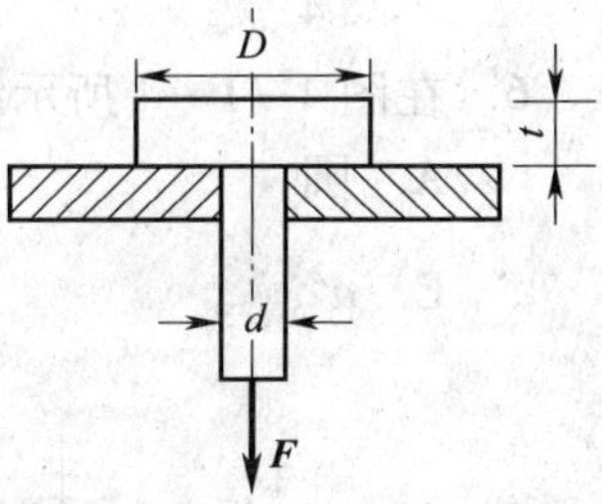

图4—1—1

6. 通过直剪试验，可得剪切破坏时材料的极限名义切应力________，再除以______________，即得材料的容许切应力________。

7. 挤压在构件接触面附近的局部区域内发生较大的接触应力，称为________，用________表示。挤压应力是垂直于接触面的________。

8. 当挤压面为平面接触时，有效挤压面面积等于________________；当挤压面为圆柱面接触时，有效挤压面面积为________________在垂直于挤压力的直径平面上的________________。

9. 挤压强度条件为________________，运用挤压强度条件可以对构件进行________校核。

10. 当连接件和被连接件材料不同时，应校核其中容许挤压应力________的材料的挤压强度。

11. 铆钉在工作时，可能的破坏形式有两种：________破坏和挤压破坏。

二、选择题（请在下列选项中选择一个正确答案并填在括号内）

1. 剪切面（　　）是平面。

A. 一定　　B. 不一定　　C. 一定不

2. 无论实际挤压面为何种形状，构件的计算挤压面都应为（　　）。

A. 圆柱面　　B. 原有形状　　C. 矩平面　　D. 平面

3. 挤压强度条件是，挤压应力不得超过材料的（　　）。

A. 容许挤压应力　　B. 极限挤压应力

C. 最大挤压应力　　　　D. 破坏挤压应力

4. 如图 4—1—2 所示，一个剪切面上的内力为（　　）。

A. F　　B. $2F$　　C. $\frac{F}{2}$　　D. $\frac{F}{4}$

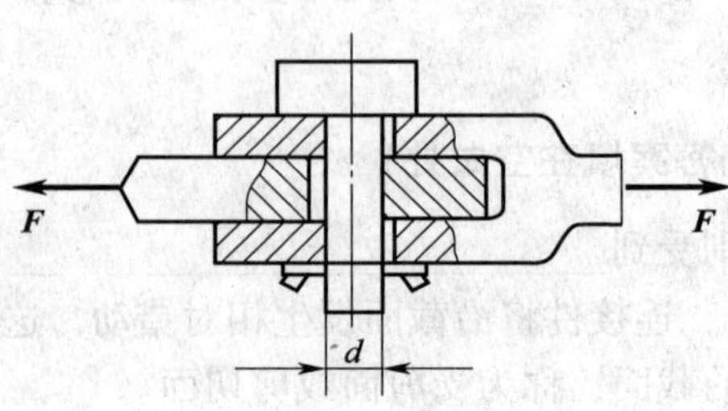

图 4—1—2

5. 校核图 4—1—3 所示结构中铆钉的剪切强度，剪切面积是（　　）。

A. $\frac{\pi d^2}{4}$　　B. dt　　C. $2dt$　　D. πd^2

6. 在图 4—1—4 所示结构中，拉杆的剪切面形状是（　　），面积是（　　）。

A. 圆　　B. 矩形　　C. 外方内圆　　D. 圆柱面

E. a^2　　F. $a^2 - \pi\frac{d^2}{4}$　　G. $\pi\frac{d^2}{4}$　　H. πdb

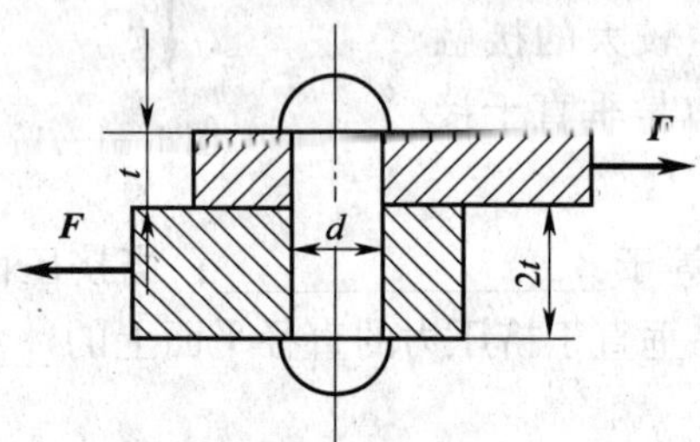

图 4—1—3

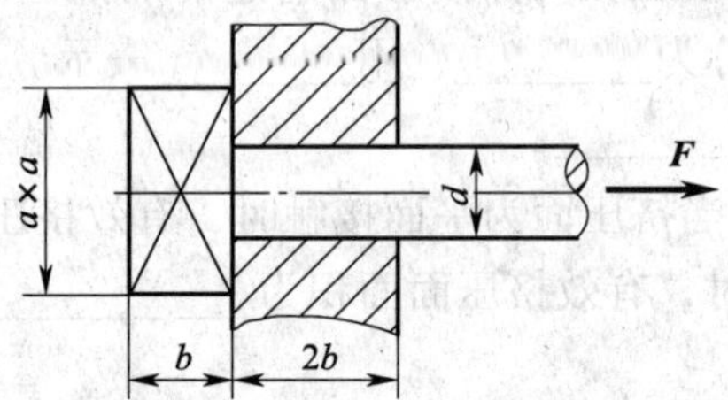

图 4—1—4

7. 挤压强度条件中的 A_{bs} 是（　　）。

A. 有效挤压面面积　　　　B. 实际承压面积

C. 实际承压面积的投影面积　　　　D. 受剪面的面积

8. 对于钢材的容许切应力［τ］与容许拉伸应力［σ］存在下列关系：（　　）。

A. ［τ］=（0.5～0.6）［σ］　　　　B. ［τ］=（0.75～0.80）［σ］

C. ［τ］=（0.8～1.0）［σ］

9. 图 4—1—5 所示铆钉钢板连接，铆钉直径 d，连接板厚 t。则铆钉受剪切面的面积等于（　　）。

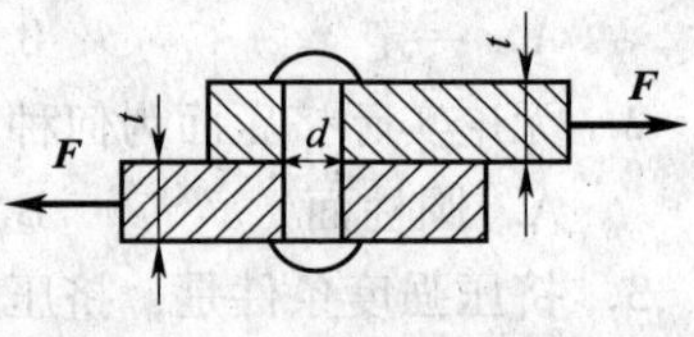

图 4—1—5

A. $\pi\frac{d^2}{4}$　　B. dt

C. $2dt$　　D. πd^2

10．图 4—1—6 所示铆钉连接，铆钉的挤压应力 δ_{bs} 是（　　）。

A．$\delta_{bs}=\dfrac{2P}{\pi d^2}$　　B．$\delta_{bs}=\dfrac{P}{2dt}$

C．$\delta_{bs}=\dfrac{P}{2bt}$　　D．$\delta_{bs}=\dfrac{4P}{\pi d^2}$

11．如图 4—1—7 所示，圆锥销的受剪面积为（　　）。

A．$\dfrac{\pi D^2}{4}$　　B．$\dfrac{\pi d^2}{4}$

C．$\dfrac{\pi}{4}\left(\dfrac{D+d}{2}\right)^2$　　D．$\dfrac{\pi}{4}(D^2-d^2)$

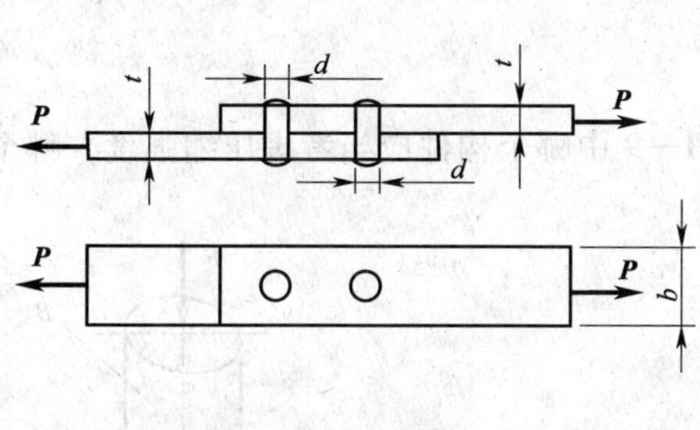

图 4—1—6

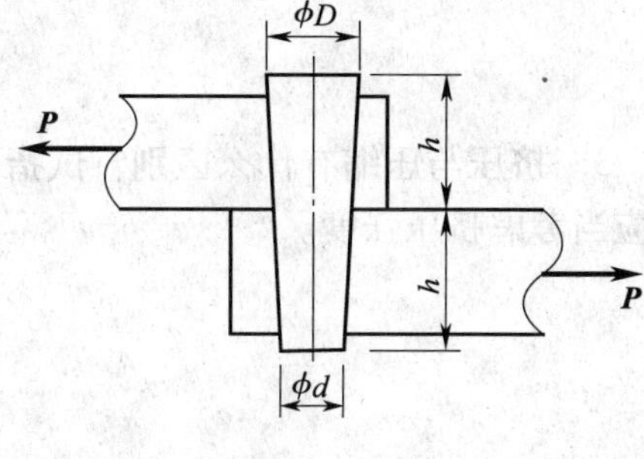

图 4—1—7

三、判断题（判断正误并在括号内填√或×）

1．切应力方向总是和外力的方向相反。（　　）

2．剪切变形就是将被剪构件剪断。（　　）

3．在承受剪切作用的构件中，发生相对错动的截面称为剪切面。（　　）

4．构件受剪切时，剪力与剪切面是垂直的。（　　）

5．剪切假定计算中的容许切应力［τ］与容许拉伸应力［σ］无关。（　　）

6．挤压发生在构件相互接触的局部面积上。（　　）

7．挤压应力是垂直于接触面的切应力。（　　）

8．挤压应力在有效挤压面上均匀分布。（　　）

9．剪切变形与挤压变形同时存在，同时消失。（　　）

10．挤压变形实际上就是轴向压缩变形。（　　）

11．剪切和挤压总是同时产生，所以剪切面和挤压面是同一个面。（　　）

四、简答题

1．在工程实际中对剪切与挤压采用何种方法计算？是如何规定的？

2. 在图 4—1—8 所示的钢质拉杆与木板之间放置金属垫圈能起到什么作用？

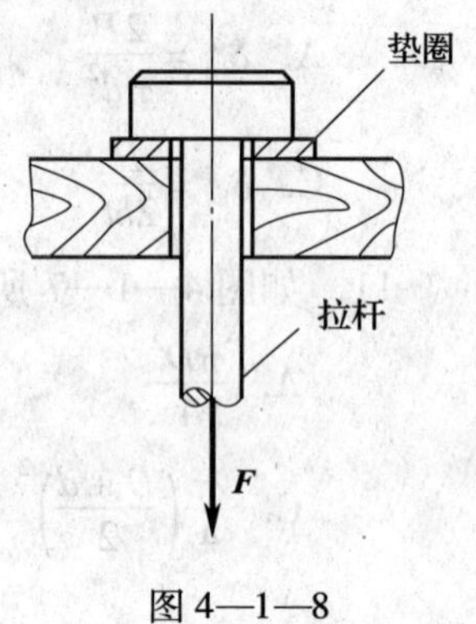

图 4—1—8

3. 挤压与压缩有什么区别？试指出图 4—1—9 中哪个构件应当考虑压缩强度，哪个构件应当考虑挤压强度。

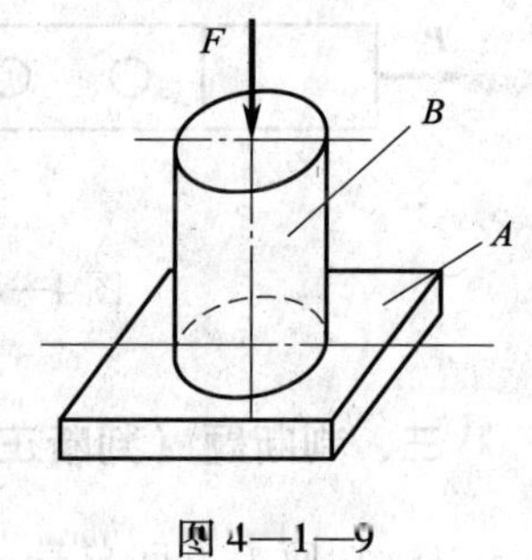

图 4—1—9

五、计算题

1. 铆钉受力如图 4—1—10 所示，已知外力 $P = 10$ kN，$t = 10$ mm，铆钉截面直径 $d = 5$ mm。计算其所受挤压应力及切应力。

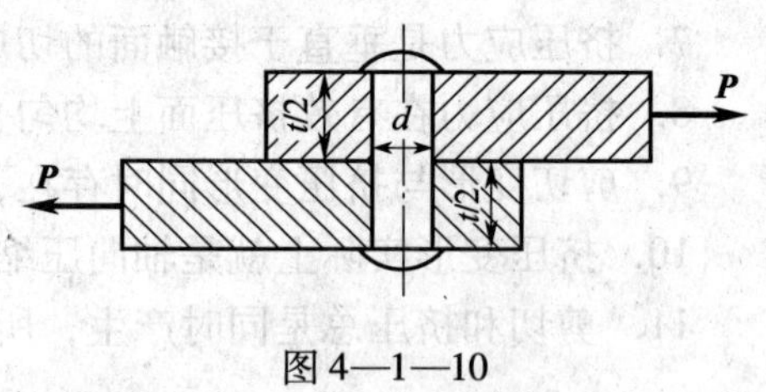

图 4—1—10

2．试校核图4—1—11所示拉杆头部的剪切强度和挤压强度。已知图中尺寸 $D=32$ mm，$d=20$ mm 和 $h=12$ mm，杆的容许切应力 $[\tau]=100$ MPa，容许挤压应力 $[\sigma_{bs}]=240$ MPa。

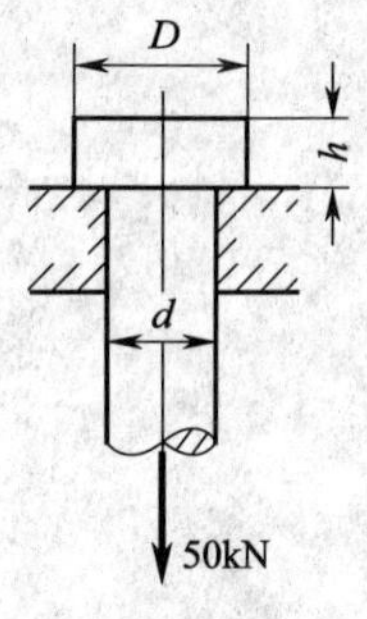

图4—1—11

3．两块钢板厚 $t_1=8$ mm，$t_2=10$ mm，用5个直径相同的铆钉搭接，受拉力 $P=200$ kN的作用，如图4—1—12所示。设铆钉的容许应力分别为 $[\tau]=140$ MPa，$[\sigma_{bs}]=320$ MPa，试求铆钉的直径 d。

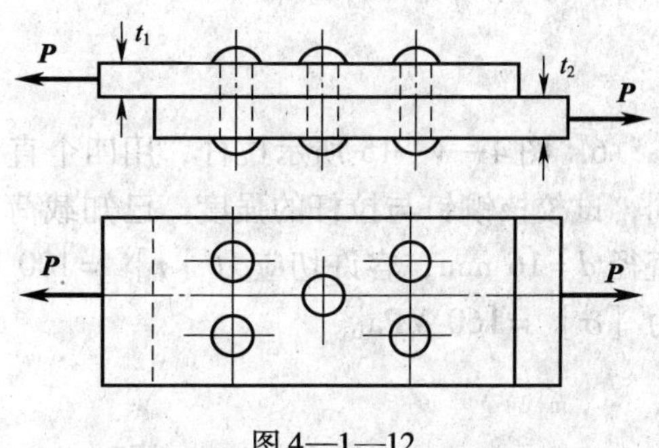

图4—1—12

4．图4—1—13所示铆接接头，板厚 $t=2$ mm，板宽 $b=15$ mm，铆钉直径 $d=4$ mm，容许切应力 $[\tau]=100$ MPa，容许挤压应力 $[\sigma_{bs}]=300$ MPa，容许拉应力 $[\sigma]=160$ MPa，试求接头的许用载荷。

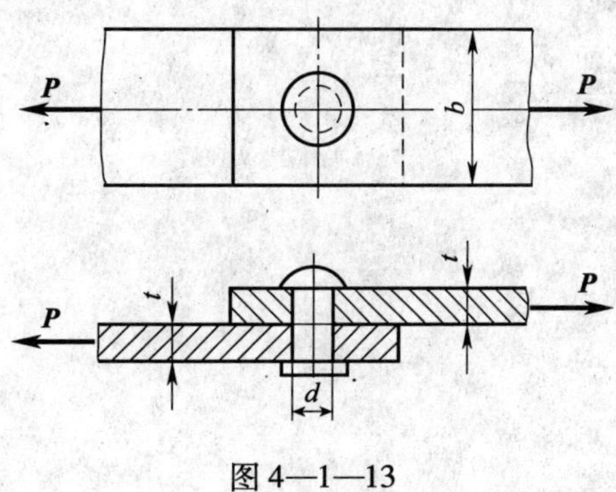

图4—1—13

5. 图 4—1—14 所示直径为 d 的受拉杆件，其端部的直径与高度分别为 D 与 h。已知拉力 $P=11$ kN，容许切应力 $[\tau]=90$ MPa，容许挤压应力 $[\sigma_{bs}]=200$ MPa，容许拉应力 $[\sigma]=120$ MPa，试确定 d、D 与 h 的值。

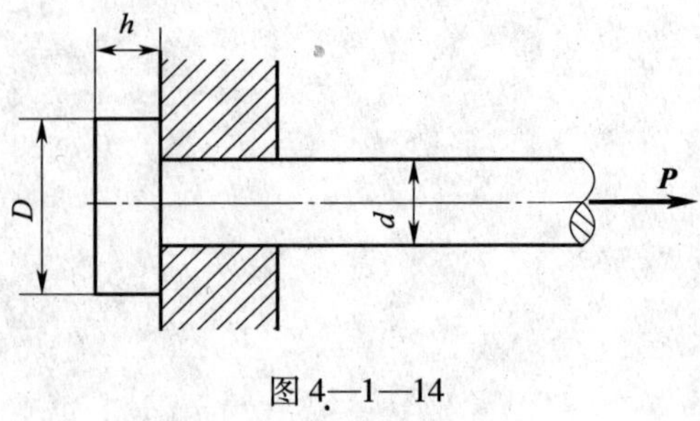

图 4—1—14

6. 图 4—1—15 所示拉杆，用四个直径相同的铆钉固定在格板上，拉杆与铆钉的材料相同，试校核铆钉与拉杆的强度。已知载荷 $P=80$ kN，板宽 $b=80$ mm，板厚 $t=10$ mm，铆钉直径 $d=16$ mm，容许切应力 $[\tau]=100$ MPa，容许挤压应力 $[\sigma_{bs}]=300$ MPa，容许拉应力 $[\sigma]=160$ MPa。

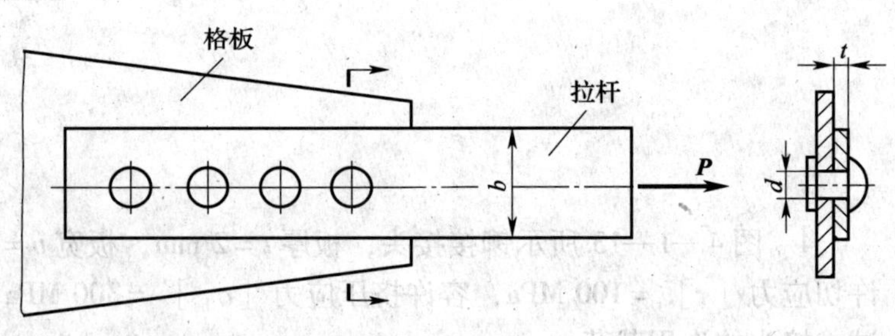

图 4—1—15

7. 试计算图 4—1—16 所示杆件的容许拉力［P］。已知容许剪应力［τ］=90 MPa，容许挤压应力［σ_{bs}］=240 MPa，容许拉应力［σ］=120 MPa。

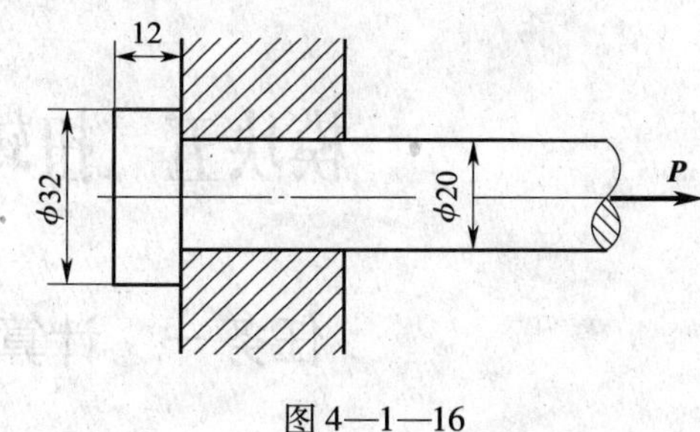

图 4—1—16

8. 图 4—1—17 所示木榫接头，P=50 kN，试求接头的剪切与挤压应力。

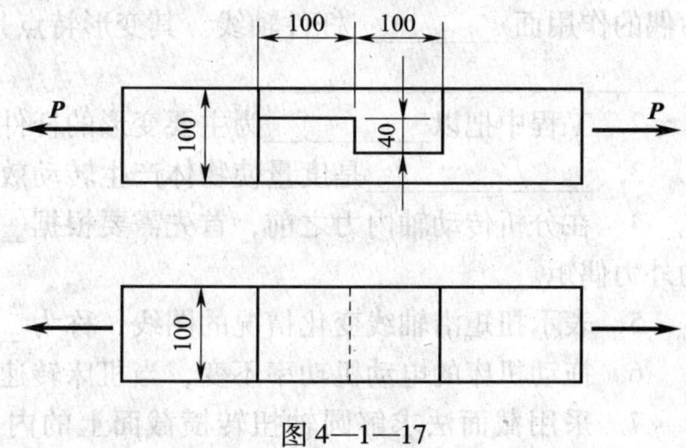

图 4—1—17

9. 如图 4—1—18 所示，油缸盖与缸体之间用 6 个螺栓连接。油缸内径 D=350 mm，油压 P=1 MPa。若螺栓材料的［δ］=40 MPa，试求螺栓的内径。

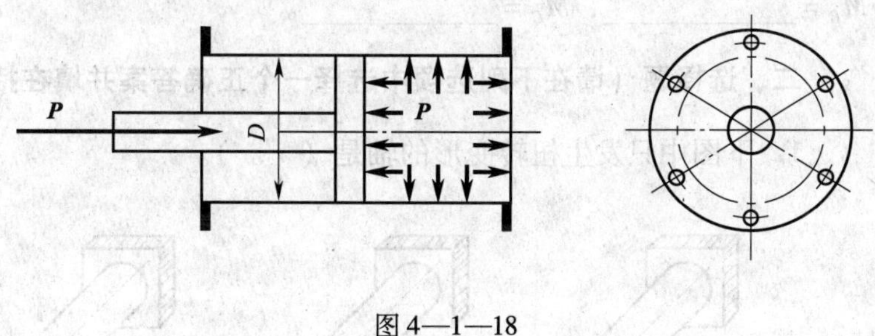

图 4—1—18

模块五　扭转构件承载能力分析

任务一　计算圆轴扭转构件的内力

一、填空题（请将正确答案填在空白处）

1. 扭转变形的受力特点是：作用在杆件两端的一对力偶__________、__________，力偶的作用面________杆件轴线。其变形特点是：____。

2. 工程中把以__________为主要变形的杆件称为轴，其中圆形截面的轴称为________。

3. ____________是度量使物体产生转动效果强弱的物理量。

4. 在分析传动轴内力之前，首先需要根据__________与__________计算传动轴所承受的外力偶矩。

5. 表示扭矩沿轴线变化情况的图线，称为__________。

6. 拖动机床的电动机功率不变，当机床转速越高时，产生的扭矩越__________。

7. 采用截面法求解圆轴扭转横截面上的内力时，得出的内力是个__________，称为__________，用字母__________表示，其正负可以用__________法则判定。即以右手四指弯曲表示扭矩__________，当拇指的指向__________横截面时，扭矩为正；反之为负。

8. 某圆轴传递功率为 100 kW，转速为 100 r/min，其外力偶矩 $M=$________ N · m。

9. 已知主动轮 A 输入功率为 562 kW，从动轮 B 和 C 输出功率为 210 kW 和 351 kW，传动轴的转速 $n=1\ 400$ r/min，那么，各轮上的外力偶矩的大小分别为 $M_A=$__________，$M_B=$__________，$M_C=$__________。

二、选择题（请在下列选项中选择一个正确答案并填在括号内）

1. 下图中只发生扭转变形的轴是（　　）。

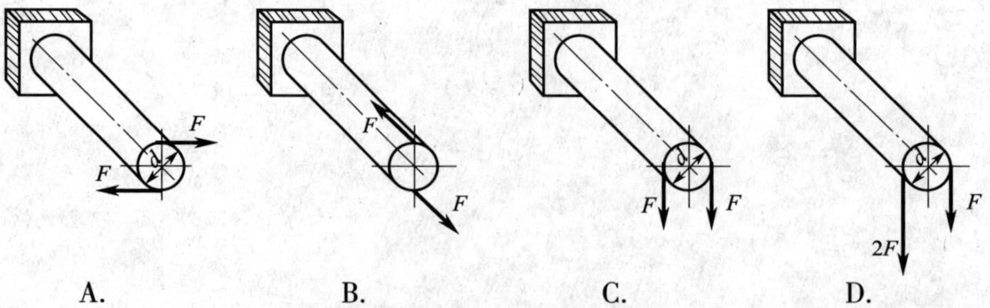

F F　F F　F F　2F F

A.　B.　C.　D.

2. 下图所示为一传动轴上齿轮的布置方案，其中对提高传动轴扭转强度有利的是（　　）。

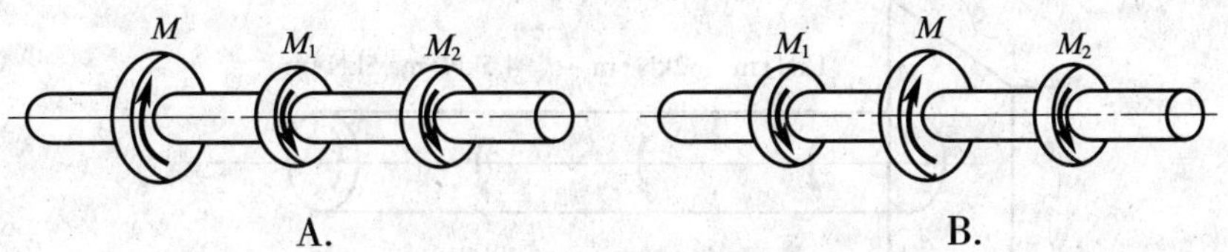

3. 图 5—1—1 所示的圆轴，用截面法求扭矩，无论取哪一段作为研究对象，其同一截面的扭矩大小与符号（　　）。

A. 完全相同　　B. 正好相反　　C. 不能确定

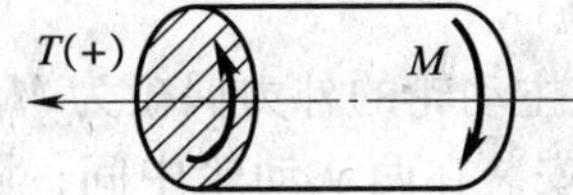

图 5—1—1

4. 图 5—1—2 所示传动轴中各轮的外力偶矩分别为 $M_A=20$ kN · m，$M_B=5$ kN · m，$M_C=10$ kN · m，$M_D=5$ kN · m，那么四个轮子布局中最合理的是（　　）。

A. 图 a　　B. 图 b

C. 图 c　　D. 图 d

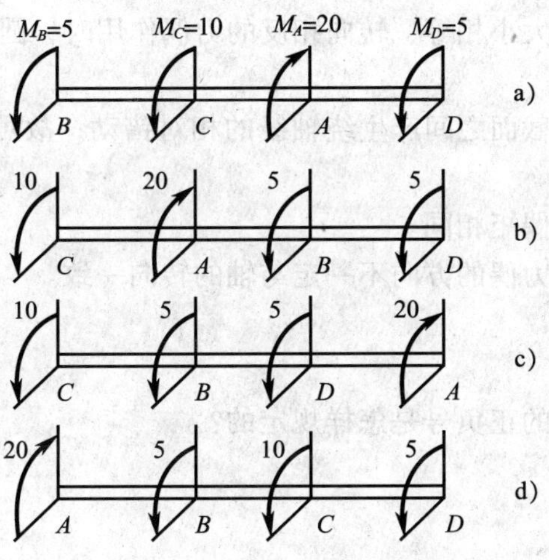

图 5—1—2

5. 汽车传动主轴所传递的功率不变，当轴的转速降低为原来的二分之一时，轴所受的外力偶矩较转速降低前将（　　）。

A. 增大一倍　　B. 增大三倍

C. 减小一半　　D. 不改变

6. 左端固定的等直圆杆 AB 在外力偶作用下发生扭转变形，如图5—1—3 所示，根据已知各处的外力偶矩大小，可知固定端截面 A 上的扭矩 T 大小和正负应为（　　）kN·m。

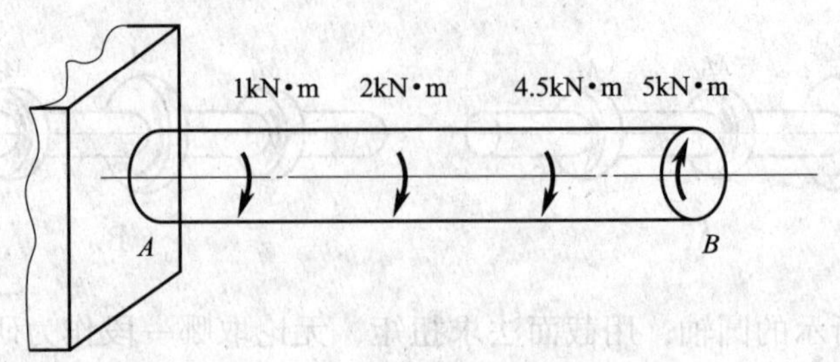

图5—1—3

A. 0　　　　B. 7.5

C. 2.5　　　　D. −2.5

7. 一传动轴上主动轮的外力偶矩为 M_1，从动轮的外力偶矩为 M_2、M_3，而且 $M_1 = M_2 + M_3$。开始将主动轮安装在两从动轮中间，随后使主动轮和一从动轮位置调换，这样变动的结果会使传动轴内的最大扭矩（　　）。

A. 减小　　　　B. 增大

C. 不变　　　　D. 变为零

三、判断题（判断正误并在括号内填√或×）

1. 圆轴扭转时，横截面上的内力是扭矩。（　　）

2. 矢量方向垂直于所切横截面的内力偶矩，称为扭矩。（　　）

3. 当轴两端受到一对大小相等、转向相反的力偶作用时，圆轴就会产生扭转变形。（　　）

4. 圆轴扭转时，各横截面之间产生绕轴线的相对错动，故可以说扭转变形的实质是剪切变形。（　　）

5. 扭矩的单位与外力偶矩相同。（　　）

6. 一转动圆轴所受外力偶的方向不一定与轴的转向一致。（　　）

四、简答题

1. 圆轴扭转时，扭矩的正负号是怎样规定的？

2. 图 5—1—4 所示为一传动轴上齿轮的两种布置方案，试分析确定哪一种对提高传动轴扭转强度有利。

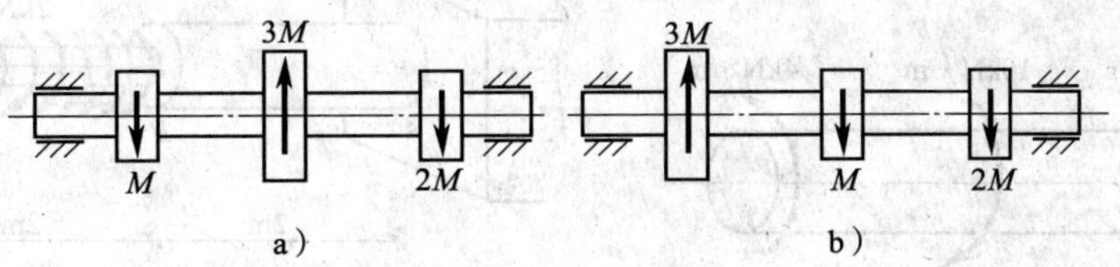

图 5—1—4

五、计算题

1. 如图 5—1—5 所示，已知传动轴三个轮各自的传动功率为 $P_A=19$ kW，$P_B=44$ kW，$P_C=25$ kW，转速 $n=150$ r/min。

（1）试画出传动轴的扭矩图。

（2）若交换轮 A 和轮 B 的位置，传动轴的扭矩图有何变化？

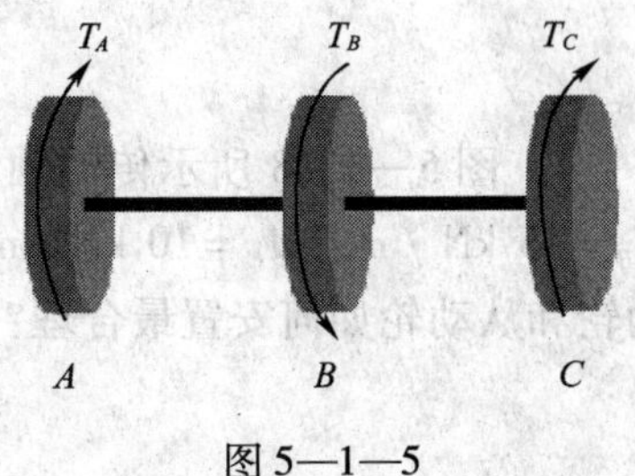

图 5—1—5

2. 如图 5—1—6 所示，主动轮 $P_A=120$ kW，从动轮 $P_B=30$ kW，$P_C=40$ kW，$P_D=50$ kW，转速 $n=300$ r/min，试画出扭矩图。

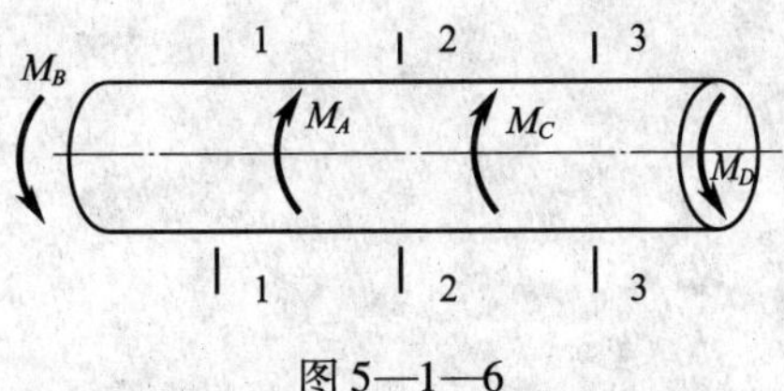

图 5—1—6

3．如图 5—1—7 所示，试作图并求各杆的扭矩图。

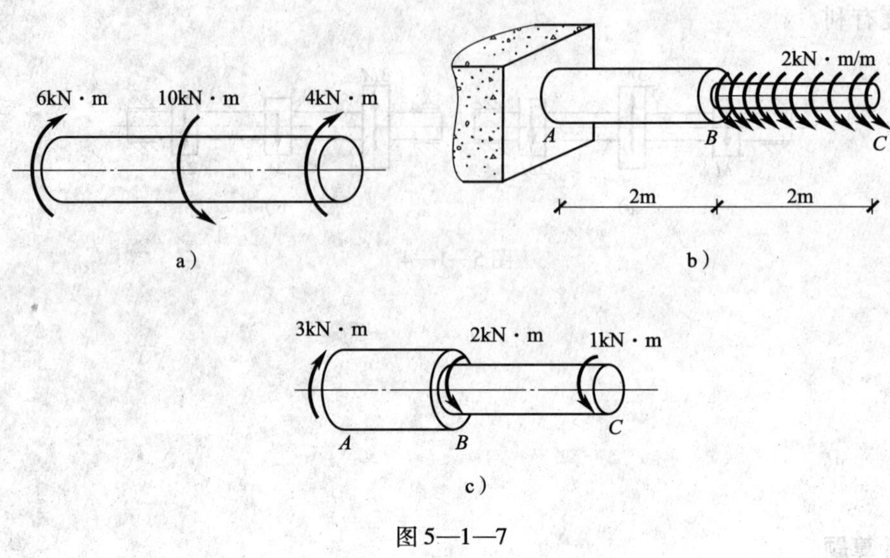

图 5—1—7

4．图 5—1—8 所示传动轴，已知主动轮的转矩 $M_A=30$ kN · m，从动轮的转矩分别为 $M_B=15$ kN · m，$M_C=10$ kN · m，$M_D=5$ kN · m。（1）试作轴的扭矩图；（2）传动轴上主动轮和从动轮如何安置最合理？

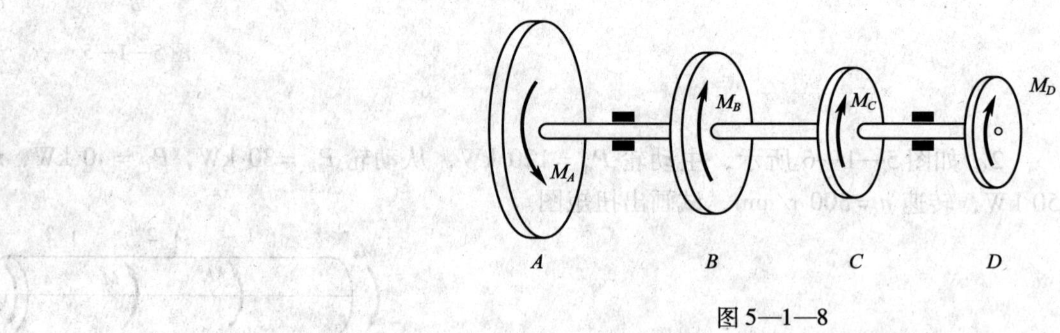

图 5—1—8

5．图5—1—9所示一传动轴，转速 $n=200$ r/min，轮 A 为主动轴，输入功率 $P_A=60$ kW，轮 B、C、D 均为从动轮，输出功率为 $P_B=20$ kW，$P_C=15$ kW，$P_D=25$ kW。(1) 试画出该轴的扭矩图；(2) 若将轮 A 和轮 C 位置对调，试分析对轴的受力是否有利。

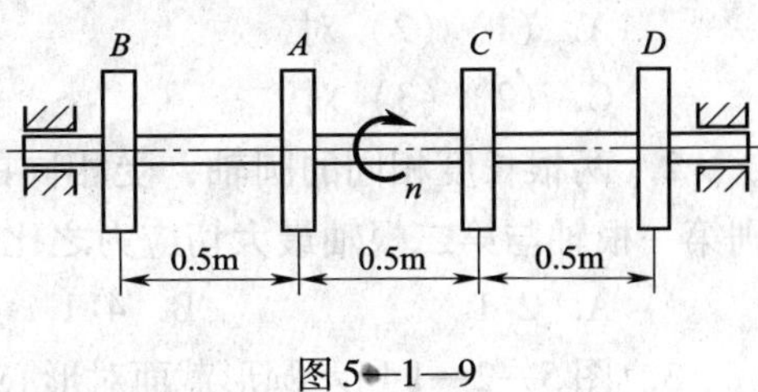

图5—1—9

任务二 计算圆轴扭转构件的应力

一、填空题（请将正确答案填在空白处）

1．圆轴扭转变形后，横截面仍保持平面，其形状与大小均不改变，半径仍为直线，此假设称为圆轴扭转的____________。

2．通过试验现象和平面假设，圆轴扭转变形后横截面上无________，有________，且其方向________。

3．圆轴的横截面某一点的切应力的大小与该处半径的大小成________，且呈________变化。

4．直径为 D 的实心轴，两端受扭转力偶作用，轴内最大切应力为 τ，若轴的直径改为 $D/2$，则轴内的最大切应力变为________。

5．圆截面上扭转切应力最大的点位于________。

6．圆轴扭转时，横截面上任意点处的切应力 τ_ρ 沿半径成________变化。

7．空心圆截面外径、内径分别为 D 和 d，则其抗扭截面模量 $W_p=$______。

8．横截面面积相等的实心轴与空心轴相比，虽材料相同，但______轴的抗扭承载能力要强些。

9．在扭矩相同的条件下，抗扭截面模量数值越________，产生的切应力越大。

二、选择题（请在下列选项中选择一个正确答案并填在括号内）

1．对于受扭的圆轴，有如下结论：

(1) 最大切应力只出现在横截面上。

(2) 在横截面上和包含杆件轴线的纵截面上均无正应力。

(3) 圆轴内最大拉应力的值和最大切应力的值相等。

下面四个答案中正确的为（　　）。

A. (1)(2) 对　　B. (1)(3) 对

C. (2)(3) 对　　D. 全对

2. 两根长度相同的圆轴，受相同的扭矩作用，第二根轴直径是第一根轴直径的两倍，则第一根轴与第二根轴最大切应力之比为（　　）。

A. 2∶1　　B. 4∶1　　C. 8∶1　　D. 16∶1

3. 图 5—2—1 所示圆形截面对形心的极惯性矩为（　　）。

A. $\frac{1}{64}\pi d^4$　　B. $\frac{1}{32}\pi d^4$

C. $\frac{1}{32}\pi d^3$　　D. $\frac{1}{16}\pi d^4$

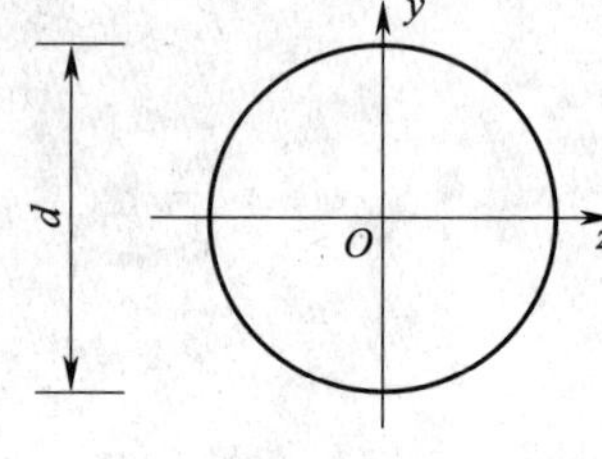

图 5—2—1

4. 受力情况及尺寸相同的两根轴，一根是钢轴，一根是铜轴，则（　　）。

A. 两轴的最大切应力相同

B. 两轴的强度相同

C. 两轴的最大切应力不相同

5. 横截面都为圆的两个杆，直径分别为 d 和 D，并且 $d=0.5D$。两杆横截面上扭矩相等，两杆横截面上的最大切应力之比$\frac{\tau_{\max d}}{\tau_{\max D}}$为（　　）。

A. 2　　B. 4　　C. 8　　D. 16

6. 实心或空心圆轴扭转时，已知横截面上的扭矩为 T，在所绘出的相应圆轴横截面上的剪应力分布图中（　　）是正确的。

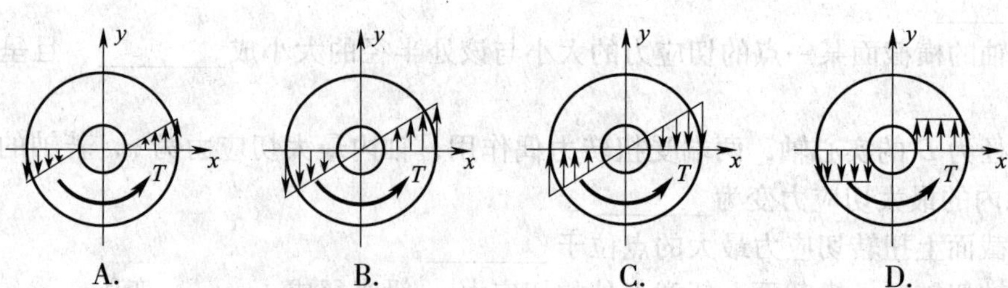

7. 直径为 D 的实心圆轴，两端所受的外力偶的力偶矩为 M，轴的横截面上最大切应力是 τ。若轴的直径变为 $0.5D$，则轴的横截面上最大切应力应是（　　）。

A. 16τ　　B. 8τ　　C. 4τ　　D. 2τ

8. 钻机的钻杆工作时，其横截面上的最小切应力（　　）为零。

A. 一定不　　B. 不一定　　C. 一定　　D. 有可能

9. 空心圆轴扭转时，横截面上的最小切应力（　　）。

A. 一定为零　　B. 一定不为零　　C. 可能为零，也可能不为零

10. 圆轴扭转时，同一截面上各点的切应力大小（　　）；同一圆周上的切应力大小（　　）。

A. 全相同　　B. 全不相同　　C. 部分相同

三、判断题（判断正误并在括号内填√或×）

1. 圆轴扭转时，横截面上的正应力与截面直径成正比。（　　）
2. 圆轴扭转危险截面一定是扭矩和横截面积均达到最大值的截面。（　　）
3. 圆轴扭转时，横截面上只有切应力，其大小与到圆心的距离成正比。（　　）
4. 外径相同的空心圆轴和实心圆轴相比，空心圆轴的承载能力要大些。（　　）
5. 对于等截面轴，扭矩最大的截面一定是危险截面。（　　）
6. 横截面为圆形的直杆在产生扭转变形时作出的平面假设仅在弹性范围内成立。（　　）
7. 承受扭转作用的圆轴，其扭矩最大处就是切应力最大处。（　　）
8. 圆轴扭转变形实质上是剪切变形。（　　）
9. 非圆截面轴扭转时“平面假设”不成立。（　　）
10. 当材料和横截面积相同时，与实心圆轴相比，空心圆轴的承载能力要大些。（　　）

四、简答题

1. 试述圆轴扭转时横截面上切应力的分布规律。

2. 为什么一些大型轴或者杆件都是空心的？

3. 提高圆轴扭转强度的主要措施有哪些？

五、计算题

1. 图 5—2—2 所示扭转圆截面杆 $d=60$ mm，$M=4$ kN·m，求最大切应力 τ。

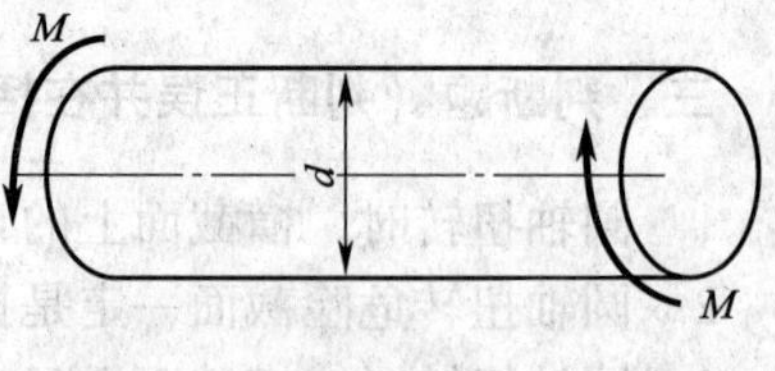

图 5—2—2

2. 图 5—2—3 所示轴，$d=50$ mm，$M_O=1$ kN·m，求 $\rho_A=12.5$ mm 处的切应力及边缘处的最大切应力。

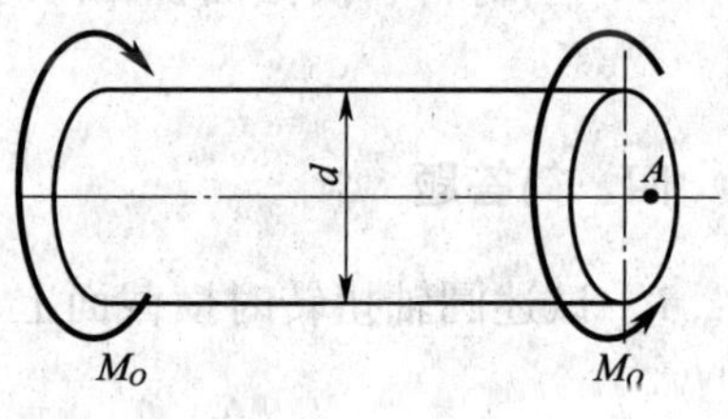

图 5—2—3

3. 如图 5—2—4 所示圆轴，一端固定。圆轴横截面的直径 $d=100$ mm，所受的外力偶矩 $M_1=7\ 000$ N·m，$M_2=5\ 000$ N·m。试求圆轴横截面上的最大扭矩和最大切应力。

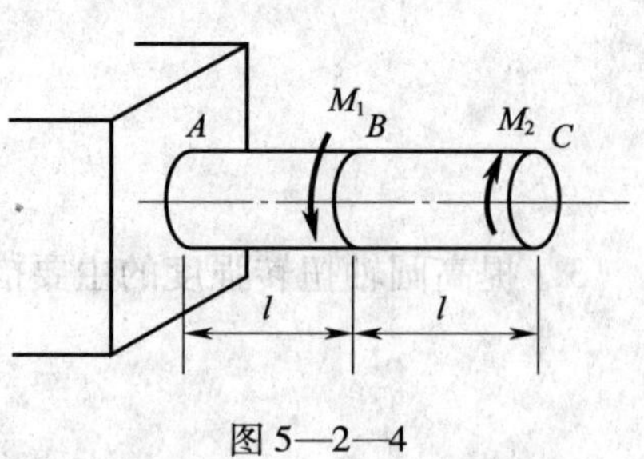

图 5—2—4

4. 圆轴 AB 传递的功率 $P=7.5$ kW，转速 $n=360$ r/min。轴的 AC 段为实心圆截面，CB 段为空心圆截面，如图 5—2—5 所示。已知 $D=30$ mm。试计算 AC 段横截面边缘处的切应力。

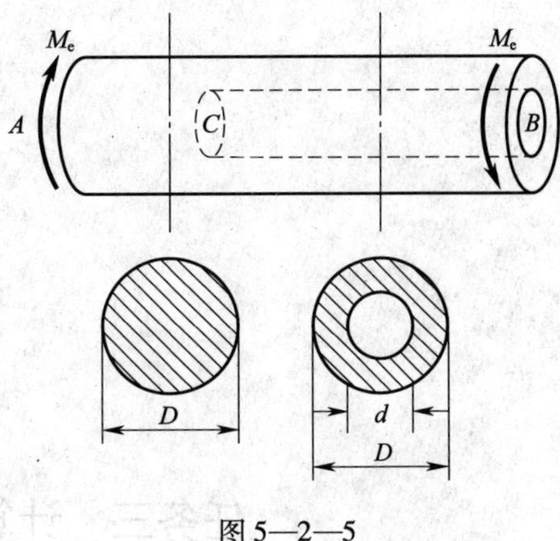

图 5—2—5

5. 某传动轴为实心圆轴，轴内的最大扭矩 $T=1.5$ kN · m，容许切应力 $[\tau]=50$ MPa，试确定该轴的横截面直径。

6. 圆轴的直径 $d=50$ mm，转速 $n=120$ r/min。若该轴横截面的最大切应力 $\tau_{max}=60$ MPa，圆轴传递的功率多大？

7．在保证相同的外力偶矩作用产生相等的最大切应力的前提下，用内外径之比$\frac{d}{D}=\frac{3}{4}$的空心圆轴代替实心圆轴，能够省多少材料？

任务三　计算圆轴扭转构件的变形

一、填空题（请将正确答案填在空白处）

1．扭转变形的大小，可以用两个横截面间绕轴线的________来度量，称为________，单位是________。

2．由扭转角 φ 的计算公式可知，扭转角 φ 与扭矩 T、轴长 l 成________，与 GI_p 成________。乘积 GI_p 称为圆截面轴的________________，或简称为________________。

3．扭转的刚度条件的数学表达式是____________，该表达式的意义是，为了保证圆轴在扭转时安全可靠，必须使____________不超过圆轴的____________。

4．圆轴扭转角 φ 的正负号规定与对____________的规定相同。

5．两根实心圆轴的直径 d 和长度 L 都相同，而材料不同，在相同扭矩作用下，它们横截面上的最大切应力____________，单位长度的扭转角____________。

6．产生扭转变形的实心圆轴，若使直径增大一倍，而其他条件不改变，则扭转角将变为原来的________。

7．两材料、质量及长度均相同的实心轴和空心轴，从利于提高抗扭刚度的角度考虑，采用____________轴更为合理些。

二、选择题（请在下列选项中选择一个正确答案并填在括号内）

1．影响圆轴扭转角大小的因素是（　　）。

A．扭矩、材料、轴长

B．扭矩、轴长、抗扭刚度

C．扭矩、材料、截面尺寸

D．扭矩、轴长、截面尺寸

2．两根材料和长度均相同的圆轴，第一根的直径是第二根的两倍，若受相同扭矩的作用，则两根轴的扭转角之比为（　　）。

A．1∶4　　　　B．1∶8

C．1∶16　　　　D．1∶32

3．图 5—3—1 所示圆轴受扭，则 A、B、C 三个横截面相对于 D 截面的扭转角的关系为（　　）。

A．$\varphi_{DA}=\varphi_{DB}=\varphi_{DC}$

B．$\varphi_{DA}=0$，$\varphi_{DB}=\varphi_{DC}$

C．$\varphi_{DA}=\varphi_{DB}=2\varphi_{DC}$

D．$\varphi_{DA}=\varphi_{DC}$，$\varphi_{DB}=0$

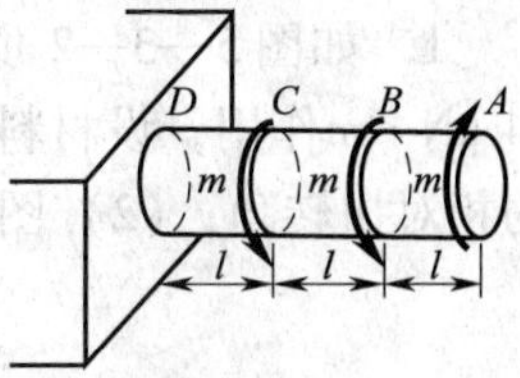

图 5—3—1

4．若将受扭实心圆轴的直径增加一倍，则其刚度是原来的（　　）倍。

A．2　　　　B．4

C．8　　　　D．16

5．等截面圆轴扭转时的单位长度扭转角为 θ，若圆轴的直径增大一倍，则单位长度扭转角将变为（　　）。

A．$\theta/16$　　　　B．$\theta/8$

C．$\theta/4$　　　　D．$\theta/2$

6．对于材料以及横截面面积均相同的空心圆轴和实心圆轴，前者的抗扭刚度一定（　　）后者的抗扭刚度。

A．大于　　　　B．小于

C．等于　　　　D．不确定

7．校核一低碳钢轴的扭转刚度时，发现单位长度扭转角超过了容许值，为了保证轴的扭转刚度，采取（　　）的措施是最有效的。

A．改用合金钢　　　　B．改用铸铁

C．增大圆轴的直径　　　　D．减小圆轴的长度

8．两根受扭圆轴的直径和长度均相同，但材料不同，在扭矩相同的情况下，它们的最大切应力 τ_1、τ_2 和扭转角 φ_1、φ_2 之间的关系为（　　）。

A．$\tau_1=\tau_2$，$\varphi_1=\varphi_2$　　　　B．$\tau_1=\tau_2$，$\varphi_1\neq\varphi_2$

C．$\tau_1\neq\tau_2$，$\varphi_1=\varphi_2$　　　　D．$\tau_1\neq\tau_2$，$\varphi_1\neq\varphi_2$

三、判断题（判断正误并在括号内填√或×）

1．扭转角 φ 与扭矩 T、轴长 l 成正比，与 GI_{p} 成反比。乘积 GI_{p} 称为圆截面轴的抗扭刚度。（　　）

2．两根实心圆轴在产生扭转变形时，其材料、直径及所受外力偶矩均相同，但由于两轴的长度不同，所以短轴的单位长度扭转角要大一些。（　　）

3．直径相同的两根实心轴，横截面上的扭矩也相等，当两轴的材料不同时，其单位长度扭转角也不同。（　　）

4．一级减速箱中的齿轮直径大小不等，在满足相同强度的条件下，高速齿轮轴的直径要比低速齿轮轴的直径大。（　　）

5．各段轴的扭转角的转向由相应扭矩的转向而定，所以，扭转角的正负也随扭矩的正

负而定。 ( )

四、计算题

1．如图5—3—2所示，实心圆轴的直径 $d=100$ mm，长 $l=1$ m，两端受力偶矩 $M=14$ kN · m作用，设材料的剪切弹性模量 $G=80$ GPa，求：（1）最大切应力 τ 及两端截面间的相对扭转角；（2）图示截面上 A、B、C 三点切应力的数值及方向。

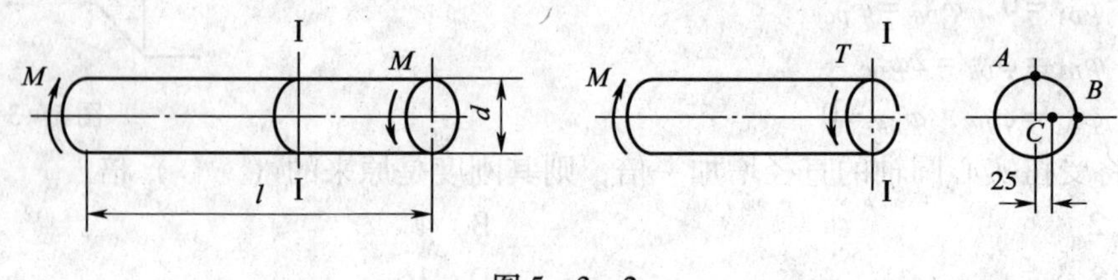

图5—3—2

2．图5—3—3所示圆轴直径 $d=25$ mm，作扭矩图并求最大的扭转切应力。已知材料的剪切弹性模量 $G=100$ GPa，每段长 $l=1$ m，试计算出圆轴两端的相对扭转角。

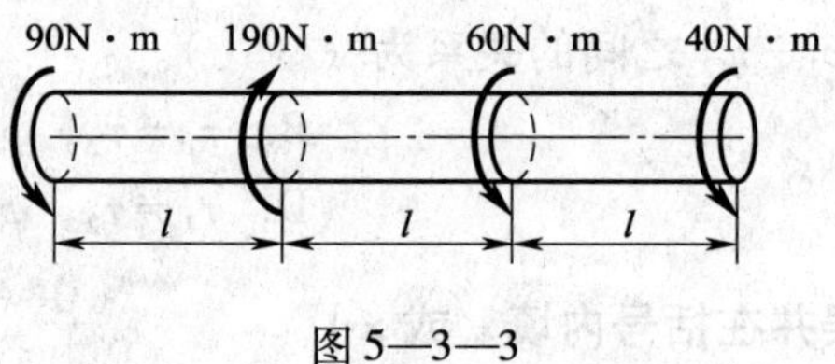

图5—3—3

3. 直径 $d=25$ mm 的圆钢杆，受外力偶矩 $M_e=200$ N·m 的作用时，相距 $l=150$ mm 的两横截面上的相对转角 $\varphi=0.55°$。试求钢材的 G。

4. 桥式起重机如图5—3—4 所示。若传动轴传递的力偶矩 $m=108$ kN·m，材料的容许切应力［τ］=40 MPa，$G=80$ GPa，同时规定［θ］=0.5°/m。试设计轴的直径。

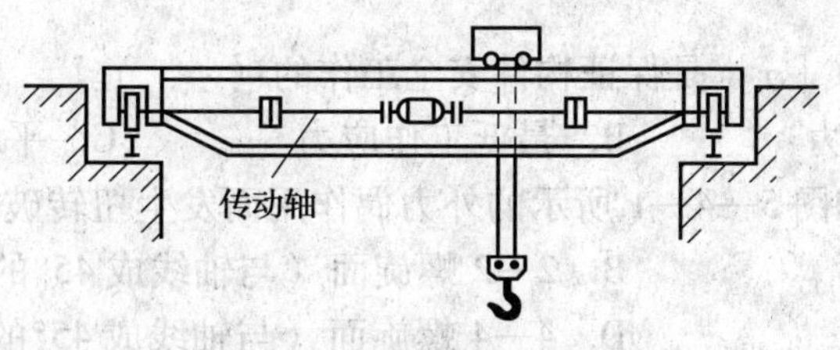

图5—3—4　设计轴的直径

任务四　分析圆轴扭转构件的承载力

一、填空题（请将正确答案填在空白处）

1. 试验表明：塑性材料试件在受扭的过程中，先发生________，并表现为在试件表面的横向与纵向出现____________。

2. 圆轴扭转破坏试验中，脆性材料试件的断裂发生在______________作用面上，塑性材料试件的剪断发生在__________作用面上。

3. 对于受扭轴，破坏的标志仍是__________或__________。

4. 试件扭转屈服时横截面上的最大切应力称为________________，用________表示；试件扭转断裂时横截面上的最大切应力称为________________，用________表示。两者统称为______________，用________表示。

5. 圆轴扭转强度条件的表达式是__________________，即为保证轴工作时不致因强度不够而破坏，最大扭转切应力 τ_{max} 不得超过材料的__________________。

6. 圆轴的承载能力主要取决于两个方面，一是满足材料的____________，二是满足设计要求的____________。

二、选择题（请在下列选项中选择一个正确答案并填在括号内）

1. 构件的容许应力［σ］是保证构件安全工作的（　　）。

A. 最高工作应力　　B. 最低工作应力　　C. 平均工作应力

2. 铸铁试样受到如图 5—4—1 所示的外力偶作用而发生扭转破坏，沿（　　）断裂。

A. 1—1 横截面　　B. 2—2 螺旋面（与轴线成 45°的倾角）

C. 3—3 纵截面　　D. 4—4 螺旋面（与轴线成 45°的倾角）

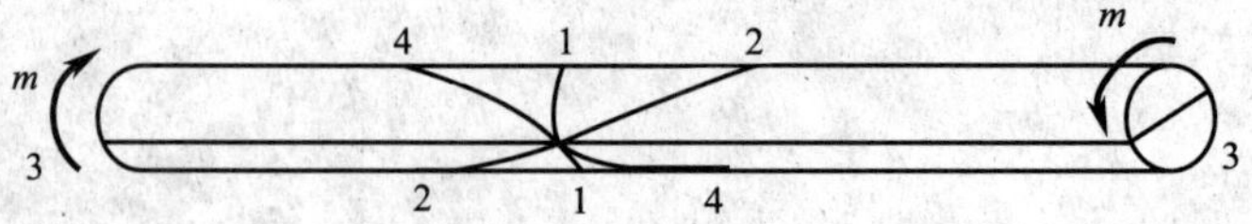

图 5—4—1

3. 使一实心圆轴受扭转的外力偶的力偶矩为 m，按强度条件设计的直径为 D。当外力偶矩增大为 $2m$ 时，直径应增大为（　　）。

A. 1.89D　　B. 1.26D　　C. 1.414D　　D. 2D

三、判断题（判断正误并在括号内填√或 ×）

1. 为了合理地利用材料，宜将材料放置在远离圆心的部位，即做成空心的。（　　）

2. 空心圆轴半径 R 越大，壁厚 t 越小，切应力分布越均匀，因而材料的利用率越高，即比值 R/t 越大越好。（　　）

3. 圆轴的承载能力的大小由圆轴的强度条件来决定。（　　）

4. 塑性材料试件受扭时，变形始终很小，最后在与轴线成45°倾角的螺旋面发生断裂。（　　）

5. 塑性材料试件受扭时，滑移与剪断均发生在最大切应力的作用面上。（　　）

四、计算题

1. 一阶梯轴其计算简图如图 5—4—2 所示，已知容许切应力 $[\tau]=60$ MPa，$D_1=22$ mm，$D_2=18$ mm，求许可的最大外力偶矩 M_e。

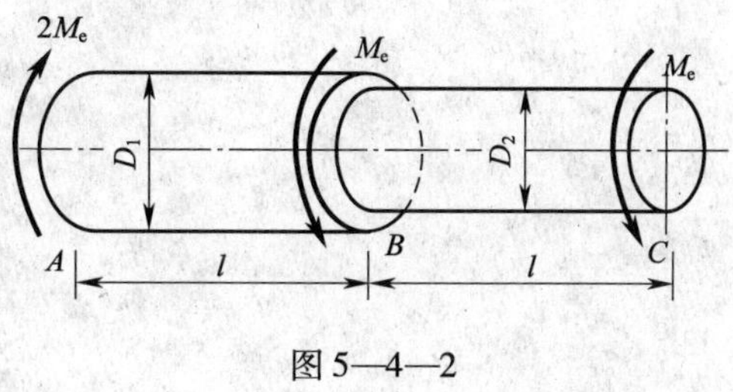

图 5—4—2

2. 一直径为 $d=20$ mm 的钢轴，若 $[\tau]=100$ MPa，求此轴能承受的扭矩。如转速 $n=100$ r/min，求此轴能传递的功率。

3．汽车传动轴 AB，由 45 号无缝钢管制成，外径 $D=90$ mm，内径 $d=85$ mm，容许切应力 $[\tau]=60$ MPa，传递的最大力偶矩 $M=1.5$ kN · m。

（1）校核其强度。

（2）若改用材料相同的实心轴，要求它不低于原传动轴的强度和刚度，设计其直径 D_1。

（3）计算空心轴与实心轴的质量之比。

4．图 5—4—3 所示空心圆轴外径 $D=100$ mm，内径 $d=80$ mm，已知扭矩 $T=6$ kN · m，$G=80$ GPa，试求：（1）横截面上 A 点（$\rho=45$ mm）的切应力和切应变；（2）横截面上最大和最小的切应力；（3）画出横截面上切应力沿直径的分布图。

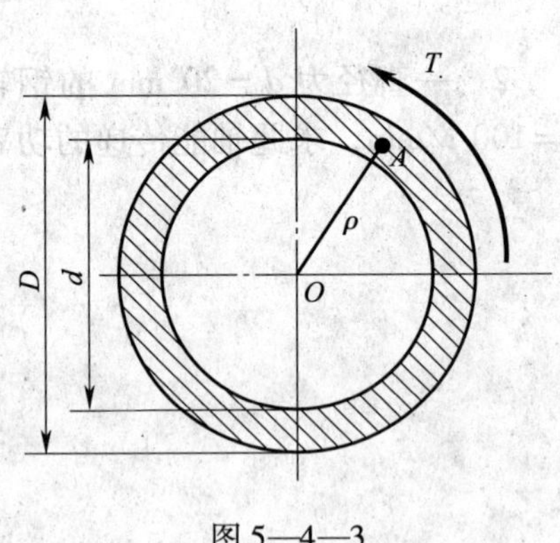

图 5—4—3

5. 截面为空心和实心的两根受扭圆轴，材料、长度和受力情况均相同，空心轴外径为 D，内径为 d，且 $d/D=0.8$。试求当两轴具有相同强度（$[\tau]_{实max}=[\tau]_{空max}$）时的质量比。

6. 一电动机的传动轴直径 $d=40$ mm，轴传递的功率 $P=30$ kW，转速 $n=1\ 400$ r/min。材料的容许切应力 $[\tau]=40$ MPa，试校核此轴的强度。

7．一传动轴如图 5—4—4 所示，主动轮 A 的输入功率为 $P_A=36.8$ kW，从动轮 B、C、D 的输出功率分别为 $P_B=P_C=11.0$ kW，$P_D=14.8$ kW，轴的转速为 $n=300$ r/min。轴的容许切应力［τ］$=40$ MPa，试按照强度条件设计轴的直径。

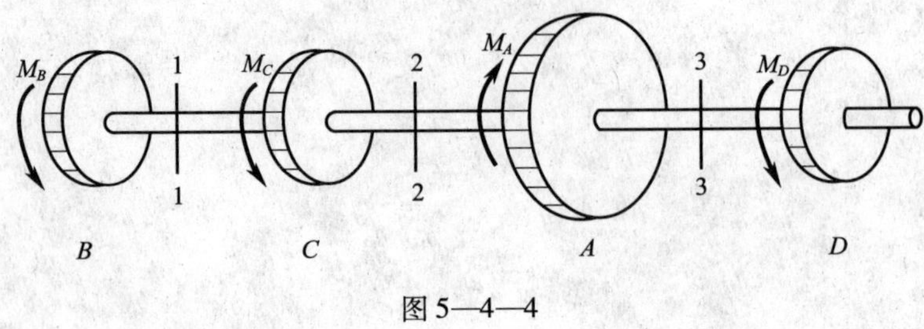

图 5—4—4

8．如图 5—4—5 所示，一钻探机钻杆的外径 $D=60$ mm，轴的内径 $d=50$ mm，功率 $P=7.36$ kW，转速 $n=180$ r/min，钻杆钻入土层的深度 $l=40$ m，材料的容许切应力［τ］$=$ 40 MPa。如土壤对钻杆的阻力可看做是均匀分布的力偶，试求此分布力偶的集度 m，并作出钻杆的扭矩图，进行强度校核。

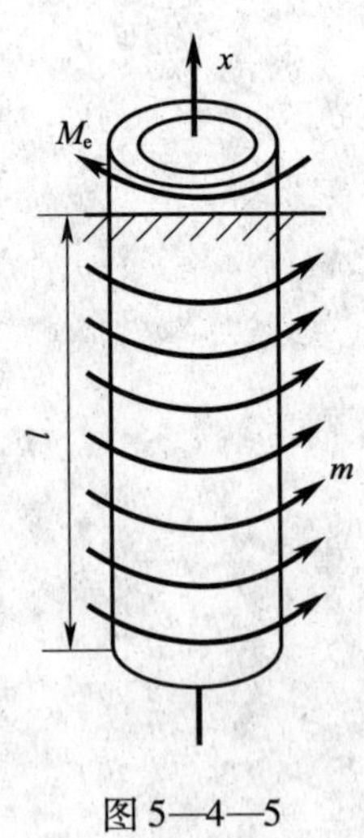

图 5—4—5

9. 图 5—4—6 所示一阶梯传动轴，已知主动力矩 $m=4.5\ \mathrm{kN\cdot m}$，$d_1=70\ \mathrm{mm}$，$d_2=55\ \mathrm{mm}$，$l_1=1\ \mathrm{m}$，$l_2=1.5\ \mathrm{m}$，$G=80\ \mathrm{MPa}$，$[\tau]=60\ \mathrm{MPa}$，$[\theta]=1.5°/\mathrm{m}$，试进行强度校核和刚度校核。

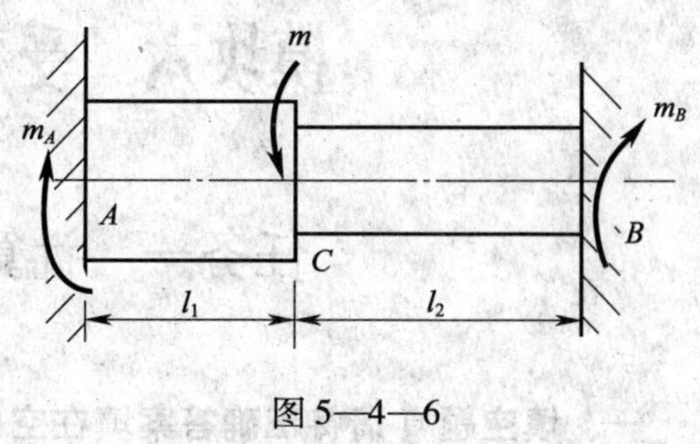

图 5—4—6

10. 图 5—4—7 所示钢制传动轴，A 为主动轮，B、C 为从动轮，两从动轮转矩之比 $\frac{m_B}{m_C}=\frac{2}{3}$，轴径 $D=100\ \mathrm{mm}$。试按强度条件确定主动轮的容许转矩 $[m_A]$。

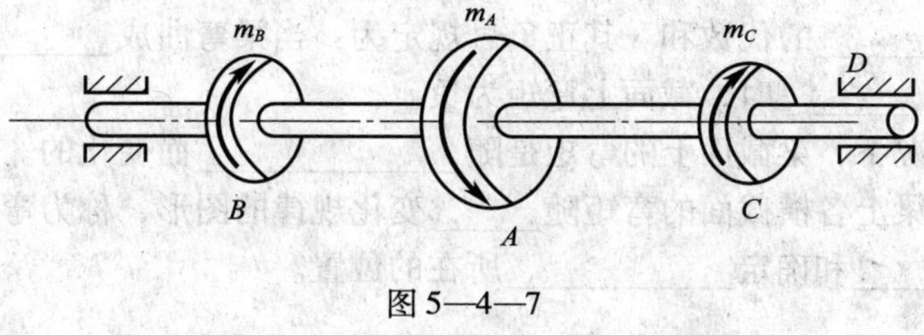

图 5—4—7

模块六　受弯构件承载能力分析

任务一　计算平面弯曲构件的内力

一、填空题（请将正确答案填在空白处）

1. 杆件弯曲变形时的受力特点是：__________都与________相垂直，受力后杆件的轴线由直线变成曲线。

2. 工程中常把以弯曲变形为主的杆件称为__________。

3. 梁的基本类型有________、________、__________。

4. 作用在梁上的外力包括__________和__________。

5. 作用在梁上的载荷，常见的有__________、____________、____________。

6. 直梁弯曲时横截面上的内力有______和______，对于跨度较大的梁，对梁的强度影响比较小，所以______的作用可以忽略不计，只研究______对梁的作用。

7. 梁的______与各横截面的__________所构成的平面，称为纵向对称平面。

8. 梁弯曲变形时，若作用在梁对称平面内的外力只有__________，则称为纯弯曲。

9. 梁弯曲时横截面上的弯矩大小可以用______法求得，其数值等于所取研究对象上所有______对该截面______的代数和。其正负号规定为：当梁弯曲成________时，截面上弯矩为正；当梁弯曲成________时，截面上弯矩为负。

10. 在一般情况下，梁截面上的弯矩是随____________而变化的。

11. 用来表示梁上各横截面的弯矩随______变化规律的图形，称为弯矩图。从弯矩图上可以找出弯矩的______和确定__________所在的位置。

二、选择题（请在下列选项中选择一个正确答案并填在括号内）

1. 如图 6—1—1 所示，火车轮轴产生的变形是（　　）。

A. 拉伸或压缩变形　　　　B. 剪切变形

C. 扭转变形　　　　D. 弯曲变形

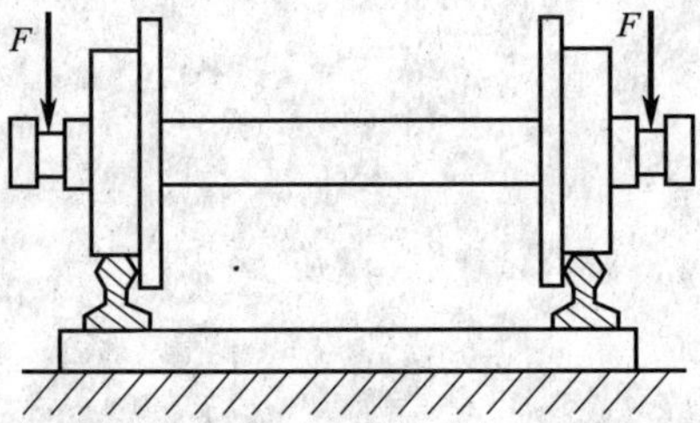

图 6—1—1

2．梁弯曲时，横截面的内力有（　　）。

A．拉力　　B．压力

C．剪力　　D．扭矩

3．悬臂梁在承受集中载荷时（　　）。

A．作用点在梁的中间时，产生的弯矩最大

B．作用点在离固定端最近时，产生的弯矩最大

C．作用点在离固定端最远时，产生的弯矩最大

D．弯矩的大小与作用点的位置无关

4．平面弯曲时，梁上的外力（或力偶）均作用在梁的（　　）。

A．轴线上　　B．纵向对称平面内　　C．轴面内

5．当梁的纵向对称平面内只有力偶作用时，梁将产生（　　）。

A．平面弯曲　　B．一般弯曲　　C．纯弯曲

6．梁纯弯曲时，截面上的内力是（　　）。

A．弯矩　　B．扭矩　　C．剪力

D．轴力　　E．剪力和弯矩

7．如图 6—1—2 所示，悬臂梁的 B 端作用一集中力，使梁产生平面弯曲的是（　　）。

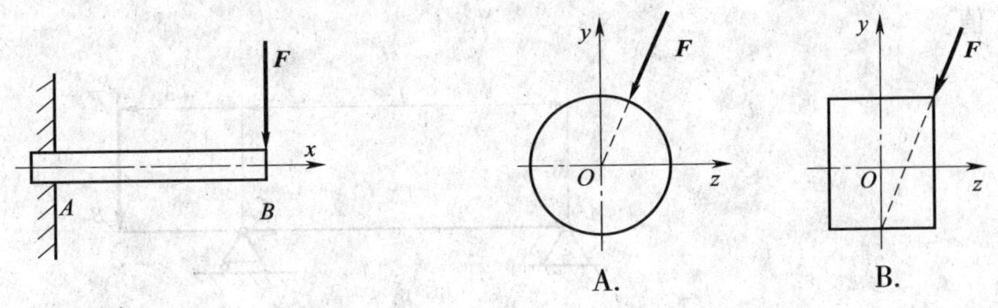

图 6—1—2

8．梁受力如图 6—1—3 所示，对其各段的弯矩符号判断正确的是（　　）。

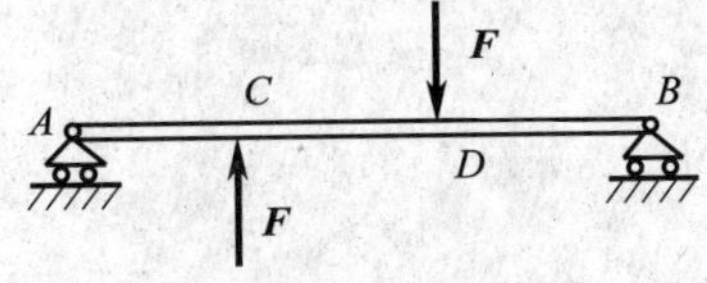

图 6—1—3

A．AC 段“+”，CD 段“−”，DB 段“+”

B．AC 段“−”，CD 段“−”“+”，DB 段“+”

C．AC 段“+”“−”，CD 段“−”，DB 段“+”

9．当梁上的载荷只有集中力时，弯矩图为（　　）。

A．水平直线　　B．曲线　　C．斜直线

三、判断题（判断正误并在括号内填√或×）

1．梁弯曲时的内力有剪力和弯矩，剪力的方向总是和横截面相切，而弯矩的作用面总是垂直于横截面。（　　）

2．一端（或两端）向支座外伸出的简支梁叫做外伸梁。（　）

3．悬臂梁的一端固定，另一端为自由端。（　）

4．弯矩的作用面与梁的横截面垂直，它们的大小及正负由截面一侧的外力确定。（　）

5．弯曲时剪力对细长梁的强度影响很小，所以在一般工程计算中可忽略。（　）

6．如图 6—1—4 所示，外伸梁 *BC* 段受力 *F* 作用而发生弯曲变形，*AB* 段无外力而不产生弯曲变形。（　）

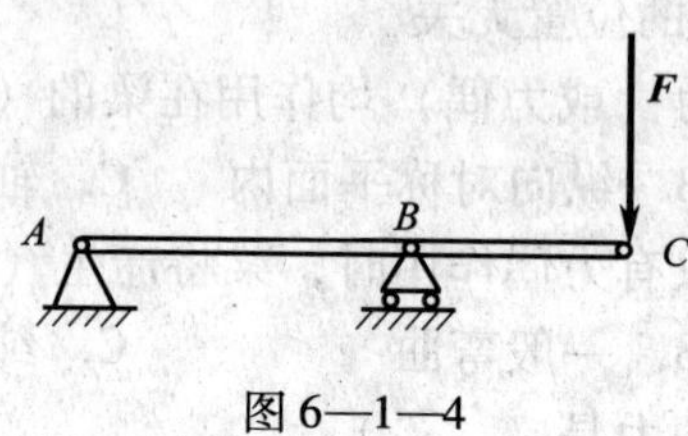

图 6—1—4

四、作图与计算题

1．如图 6—1—5 所示，梁 *AB* 上 *B* 点处作用一力 *F*，$F = 50$ kN，$l = 2$ m，求 *C* 点的弯矩值。

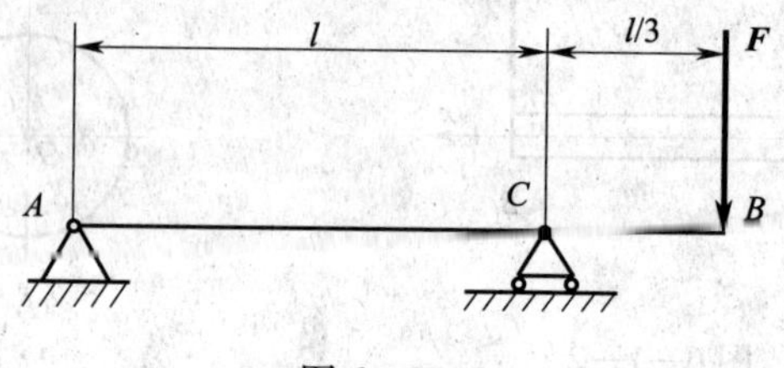

图 6—1—5

2．如图 6—1—6 所示，梁 AB 上作用的载荷 F 大小相同，但作用点位置和作用方式不同，试绘出图示各种情况下梁 AB 的弯矩图，并比较其中哪一种加载方式使梁 AB 产生的弯矩最大，哪一种最小。

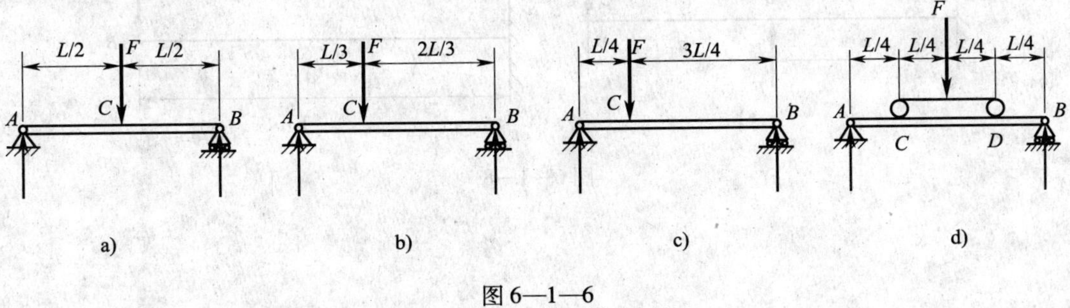

图 6—1—6

3．绘出如图 6—1—7 所示各梁的弯矩图。

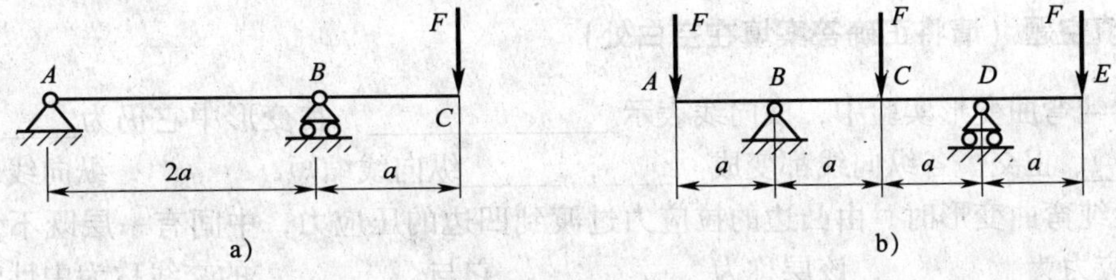

图 6—1—7

4．绘出图 6—1—8 所示各梁的弯矩图。

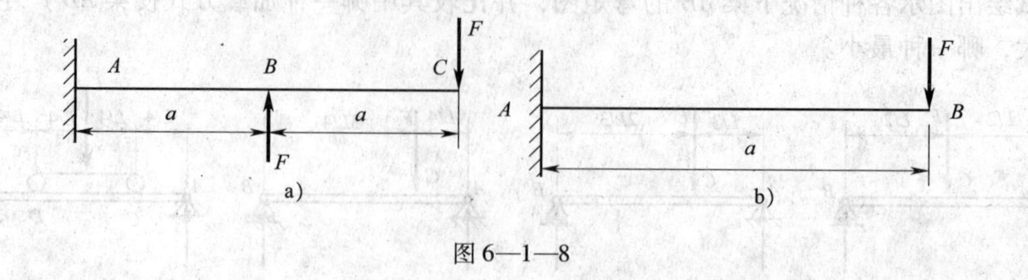

图 6—1—8

任务二 计算平面弯曲构件的应力

一、填空题（请将正确答案填在空白处）

1．梁纯弯曲变形实验中，横向线表示____________，在变形中它仍为_______，且仍与_______正交。各纵向线都变成______，______纵向线缩短，_______纵向线伸长。

2．梁纯弯曲变形时，由凸边的拉应力过渡到凹边的压应力，中间有一层既不伸长又不缩短，即应力为_______，该层称为________，它与________的交线称为中性轴，变形时梁的________均绕各自的中性轴相对偏转。

3．梁弯曲变形时，梁横截面上有______存在，其大小与该点到______的距离成正比。上下边缘处正应力______，中性轴处正应力为____。

4．等截面梁的危险截面上，离____________________的应力是全梁的最大弯曲正应力，______往往从这里开始。

5．横截面上只有________而无________的梁段称为“纯弯曲梁段”。

6．已知矩形截面梁的横截面尺寸 $h \times b = 2b \times b$，若沿铅垂方向的外载荷不变，则梁 h 边水平放置时的承载能力是梁 h 边铅垂放置时的________倍。

二、选择题（请在下列选项中选择一个正确答案并填在括号内）

1．如图 6—2—1 所示悬臂梁，在外力偶矩 M 的作用下，N—N 截面应力分布图正确的是（　　）。

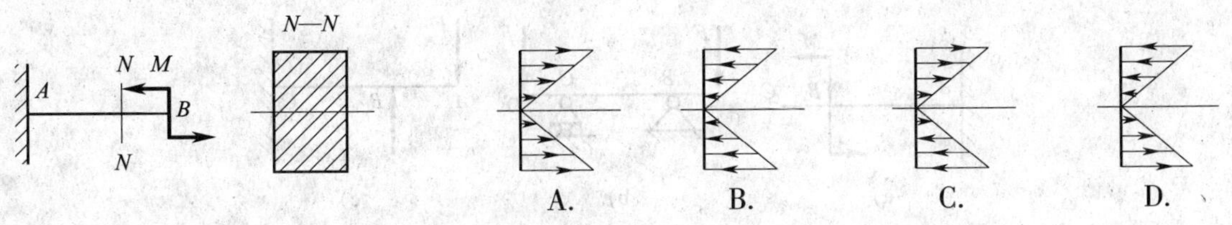

图 6—2—1

2. 梁弯曲时横截面上的最大正应力在（　　）。

A. 中性轴上　　B. 对称轴上　　C. 离中性轴最远处的边缘上

3. 如图 6—2—2 所示各截面面积相等，则各截面抗弯截面模量的关系是（　　）。

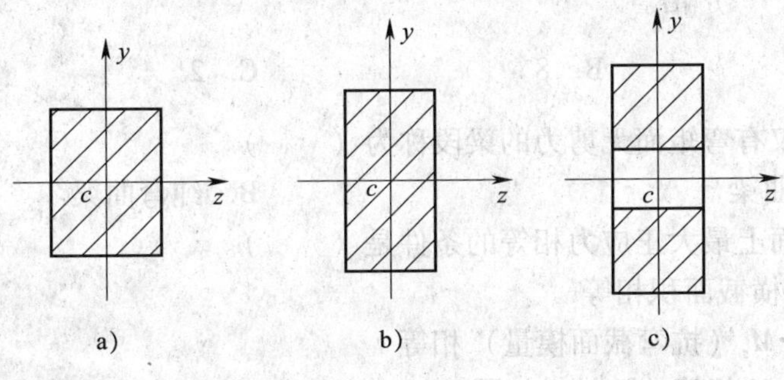

图 6—2—2

A. $W_{za} > W_{zb} > W_{zc}$　　B. $W_{za} = W_{zb} = W_{zc}$　　C. $W_{za} < W_{zb} < W_{zc}$

4. 纯弯曲梁的横截面上（　　）。

A. 只有正应力　　B. 只有切应力　　C. 既有切应力又有正应力

5. 若矩形截面梁的高度 h 和宽度 b 分别增大一倍，其抗弯截面模量将增大（　　）倍。

A. 2　　B. 4　　C. 8　　D. 16

6. 下图为横截面上的应力分布图，其中属于直梁弯曲的图是（　　），属于圆轴扭转的图是（　　）。

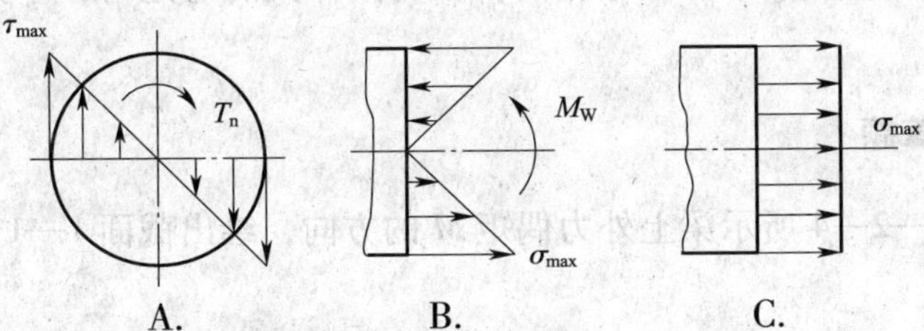

7. 在图 6—2—3 所示各梁中，属于纯弯曲的节段是（　　）。

A. 图 a 中的 AB，图 b 中的 BC，图 c 中的 BC

B. 图 a 中的 AC，图 b 中的 AD，图 c 中的 BC

C. 图 a 中的 AB，图 b 中的 AC，图 c 中的 AB

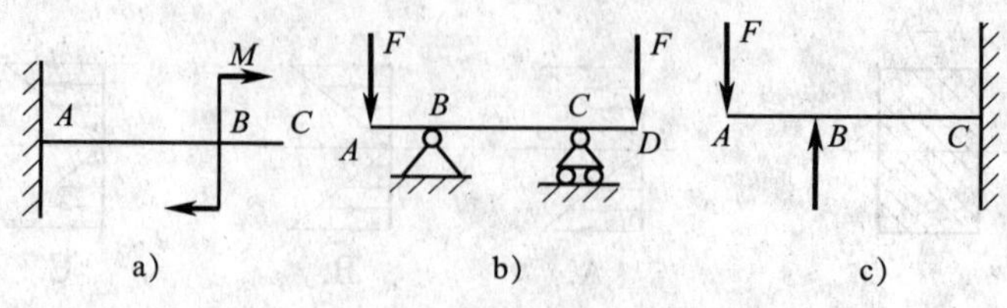

图 6—2—3

8. 材料弯曲变形后（　　）长度不变。

A. 外层　　B. 中性层　　C. 内层

9. 一圆截面悬臂梁，受力弯曲变形时，若其他条件不变，而直径增加一倍，则其最大正应力是原来的（　　）倍。

A. $\frac{1}{8}$　　B. 8　　C. 2　　D. $\frac{1}{2}$

10. 横截面上仅有弯矩而无剪力的梁段称为（　　）。

A. 平面弯曲梁　　B. 纯弯曲梁

11. 梁的横截面上最大正应力相等的条件是（　　）。

A. $M_{w\,max}$与横截面积相等

B. $M_{w\,max}$与M_z（抗弯截面模量）相等

C. $M_{w\,max}$与M_z相等，且材料相同

三、判断题（判断正误并在括号内填√或×）

1 由于弯矩是垂直于横截面的内力的合力偶矩，所以弯矩必然在横截面上形成正应力。（　　）

2. 抗弯截面模量是反映梁横截面抵抗弯曲变形的一个几何量，它的大小与梁的材料有关。（　　）

3. 无论梁的截面形状如何，只要截面面积相等，则抗弯截面模量就相等。（　　）

4. 梁弯曲变形时，弯矩最大的截面一定是危险截面。（　　）

5. 钢梁和木梁的截面形状和尺寸相同，在受同样大的弯矩时，木梁的应力一定大于钢梁的应力。（　　）

四、作图与计算题

1. 根据如图 6—2—4 所示梁上外力偶矩 M 的方向，绘出截面 1—1 上应力分布情况。

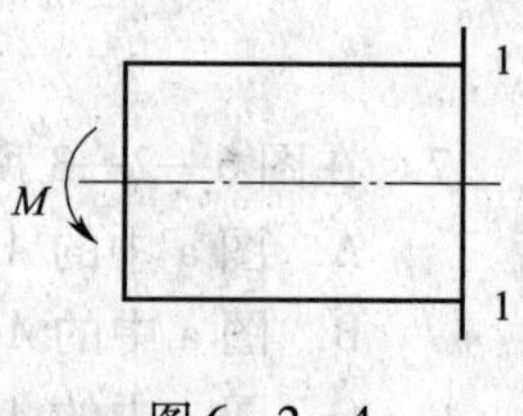

图 6—2—4

2．根据如图 6—2—5 所示截面上的弯矩 M_w，绘出该截面上正应力分布情况。

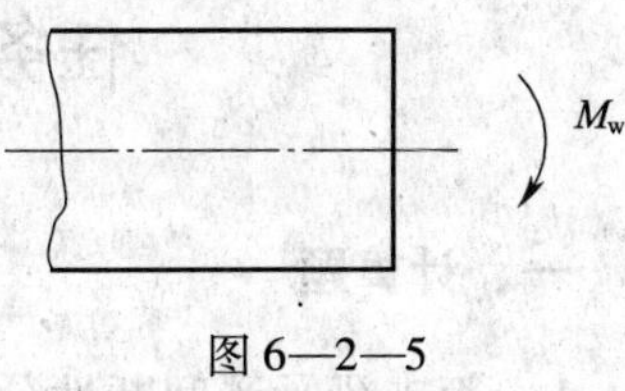

图 6—2—5

3．如图 6—2—6 所示悬臂梁，梁长 $L = 100$ cm，集中载荷 $F = 10\ 000$ N，梁截面为工字形，已知其 $W_z = 102$ cm^3，试求出该悬臂梁上的最大正应力。

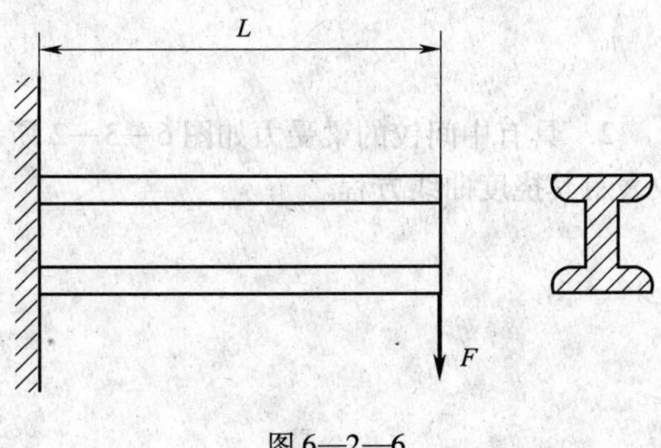

图 6—2—6

任务三　计算平面弯曲构件的变形

一、计算题

1．简支梁承受间断性分布载荷，如图 6—3—1 所示。试用奇异函数写出其小挠度微分方程，并确定其中点挠度。

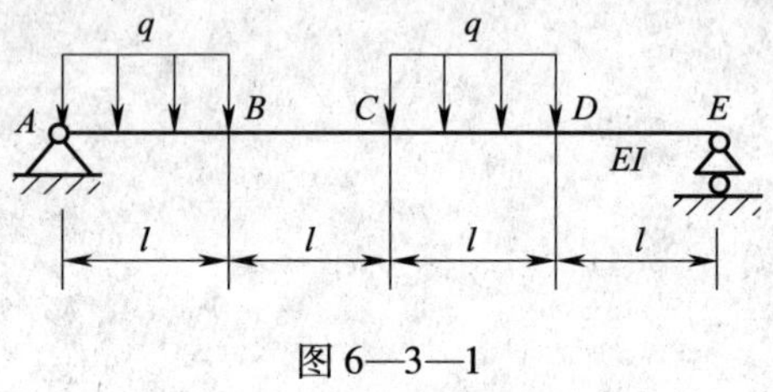

图 6—3—1

2．具有中间铰的梁受力如图 6—3—2 所示。试画出挠度曲线的大致形状，并用奇异函数表示其挠度曲线方程。

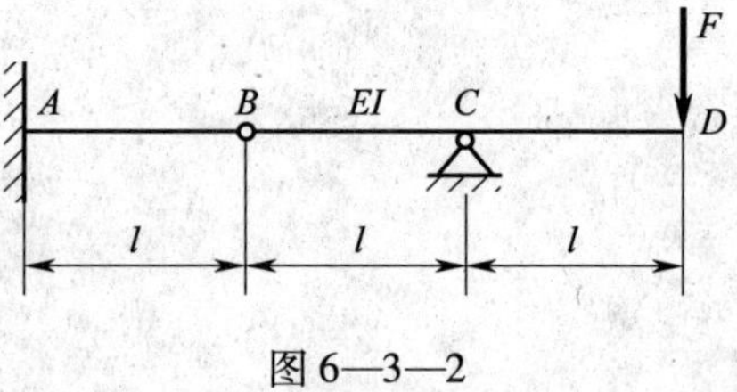

图 6—3—2

3．变截面悬臂梁受力如图 6—3—3 所示。试用奇异函数写出其挠度方程，并说明积分常数如何确定（不作具体运算）。

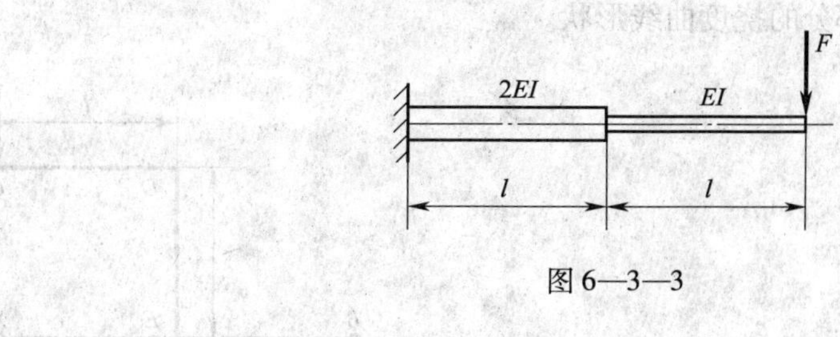

图 6—3—3

4．如图 6—3—4 所示，试用叠加法求下列各梁中截面 A 的挠度和截面 B 的转角。图中 q、l、EI 等为已知。

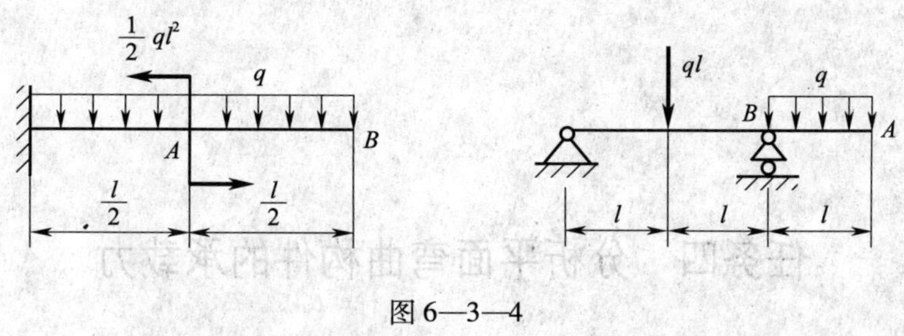

图 6—3—4

5．结构受力简图如图 6—3—5 所示，D、E 二处为刚结点。各杆的弯曲刚度均为 EI，且 F、l、EI 等均为已知。试用叠加法求加力点 C 处的挠度和 B 处的转角，并大致画出 AB 部分的挠度曲线形状。

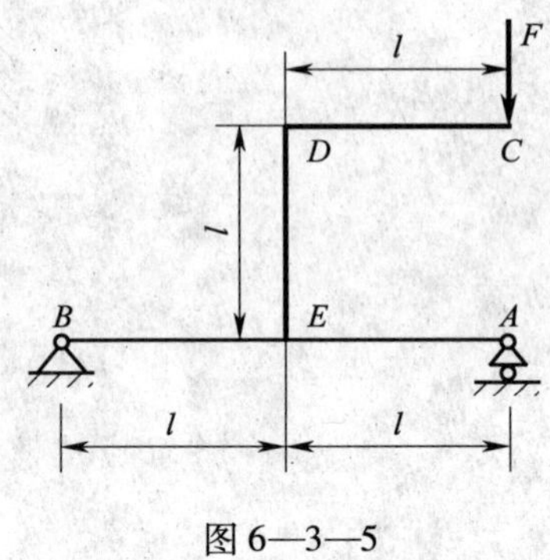

图 6—3—5

任务四　分析平面弯曲构件的承载力

一、填空题（请将正确答案填在空白处）

1．从弯曲强度条件 $\sigma_{max}=M_{max}/W_z\leqslant[\sigma]$ 可以看出，梁的强度与______、梁的______和尺寸及______有关。

2．根据弯曲强度条件可以解决________、____________和______________三类问题。

3．为减轻自重和节省材料，将梁做成变截面梁，使所有截面上的__________都近似等于________________________，这样的梁称为等强度梁。

4．梁弯曲时的合理截面形状应是在材料相同的条件下，不增加______而使其______值尽可能大的截面形状。

5．梁的最大弯矩值 M_{max} 与载荷的________、______________及支撑情况有关。

6．在材料、长度、受载情况和横截面面积都相同的情况下，________较大的梁的抗弯承载能力较强。

7．汽车前后桥弹簧按图 6—4—1 所示逐片递减叠成，此结构符合________梁的特征。

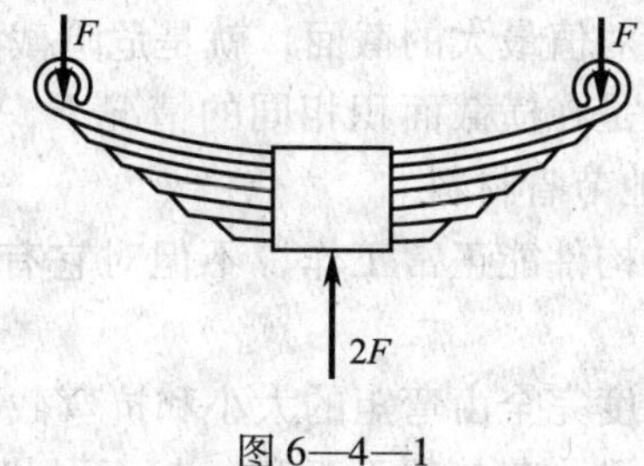

图 6—4—1

二、选择题（请在下列选项中选择一个正确答案并填在括号内）

1．工厂大型厂房的吊车横梁，一般都使用（　　）。

A．矩形钢　　B．工字钢　　C．圆钢　　D．槽钢

2．下图所示截面积相等的四根梁，抗弯截面系数最大的是（　　）。

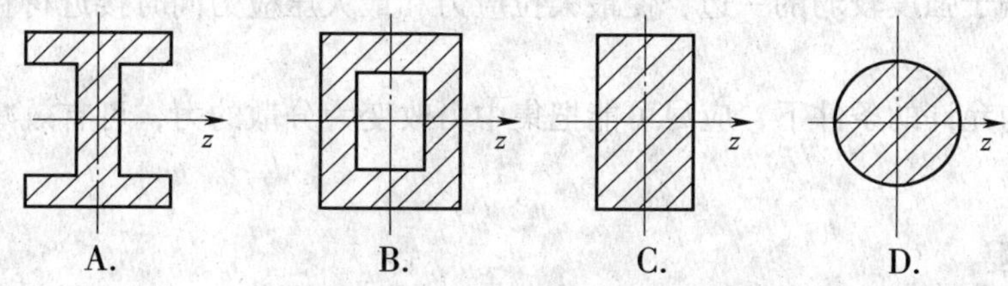

3．如图 6—4—2 所示工字钢的两种放置方法，对提高抗弯强度有利的是（　　）。

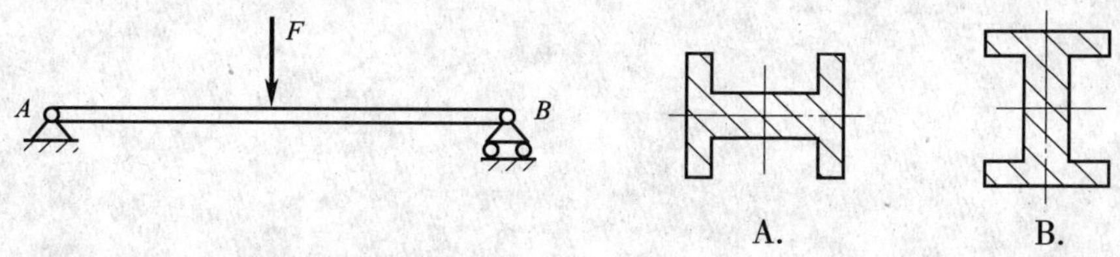

图 6—4—2

4．用 T 形截面形状的铸铁材料制作悬臂梁，从提高梁的弯曲强度考虑，（　　）的方案是合理的。

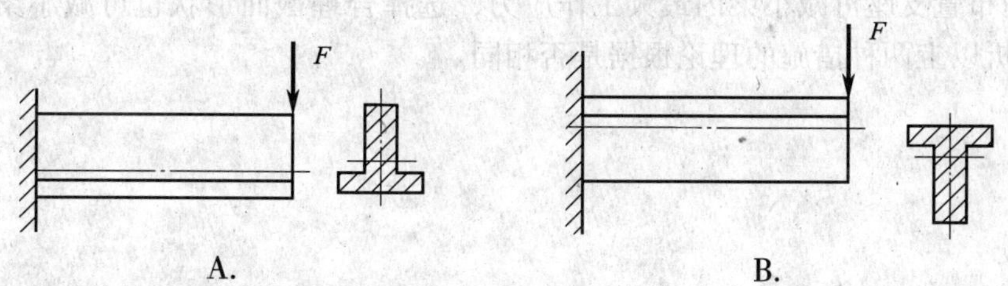

5．等强度梁各横截面上（　　）近似相等。

A．最大正应力　　B．弯矩　　C．面积　　D．抗弯截面系数

三、判断题（判断正误并在括号内填√或 ×）

1．对于矩形截面梁，无论平放还是立放，其抗弯强度相同。（　　）

2. 对于等截面梁，弯矩绝对值最大的截面，就是危险截面。（ ）

3. 提高梁的承载能力，就是在横截面积相同的情况下，使梁能承受更大的载荷，或在承受载荷相同的条件下，更多地节省材料。（ ）

4. 为保证承受弯曲变形的构件能正常工作，不但对它有强度要求，有时还要有刚度要求。（ ）

5. 在直梁弯曲中，梁的强度完全由弯矩的大小和抗弯截面模量的大小决定。（ ）

6. 由不同材料制成的两根梁，若其截面面积、截面形状及所受外力均相同，则抗弯曲变形的能力也相同。（ ）

7. 提高梁的弯曲刚度，可以采用缩小跨度或增加支座的方法。（ ）

8. 等强度梁内的弯矩和抗弯截面模量均随横截面位置变化，弯矩和抗弯截面模量的比值也随横截面位置变化。（ ）

9. 对于铸铁等抗压强度高于抗拉强度的脆性材料，最好采用T形等上、下不对称的截面，使中性轴偏于强度较弱的一边，使最大拉应力和最大压应力同时接近材料的容许应力。（ ）

10. 在结构允许的条件下，应尽可能把集中力改变为分散的力，可有效减小梁的最大弯矩值。（ ）

四、简答题

1. 提高梁的弯曲刚度的措施有哪些？

2. 合理布置支座可减小梁内最大工作应力，选择合理截面形状也可减小梁内最大工作应力。请分析以上两种措施的理论根据是否相同。

五、计算题

1. 如图 6—4—3 所示矩形截面的悬臂梁，在 B 端受力 F 作用，已知 $b=20$ mm，$h=60$ mm，$L=600$ mm，$[\sigma]=120$ MPa。求力 F 的最大许用值。

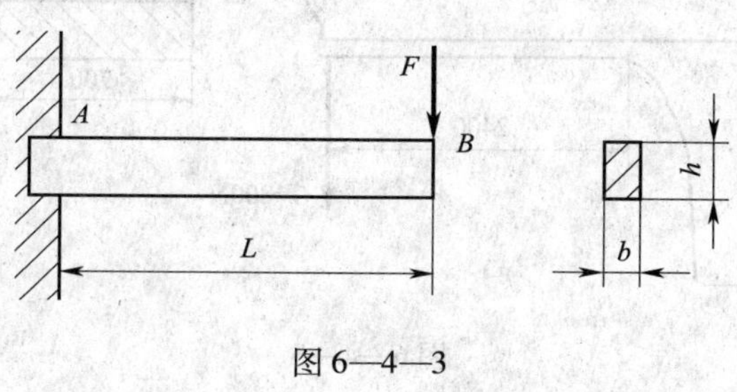

图 6—4—3

2. 如图 6—4—4 所示为一圆形截面外伸梁。已知 $a=0.4$ m，载荷 $F=8.4$ kN，试计算梁的最危险截面的弯矩。若材料容许应力 $[\sigma]=160$ MPa，试计算此梁安全工作所需要的直径。

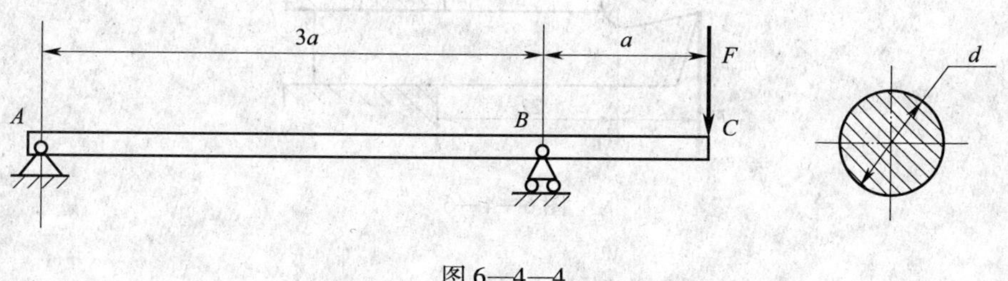

图 6—4—4

3. 跳水运动的跳板如图6—4—5所示，设运动员体重为800 N，跳板材料的容许应力为［σ］=45 MPa。试确定跳板厚度 δ。

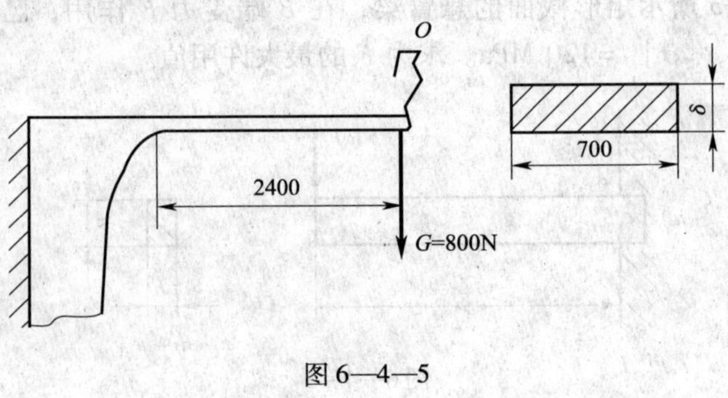

图6—4—5

4. 如图6—4—6所示车工用切断刀，受主切削力 F=800 N的作用。设切断刀的材料容许应力［σ］=200 MPa。试校核刀杆的强度。

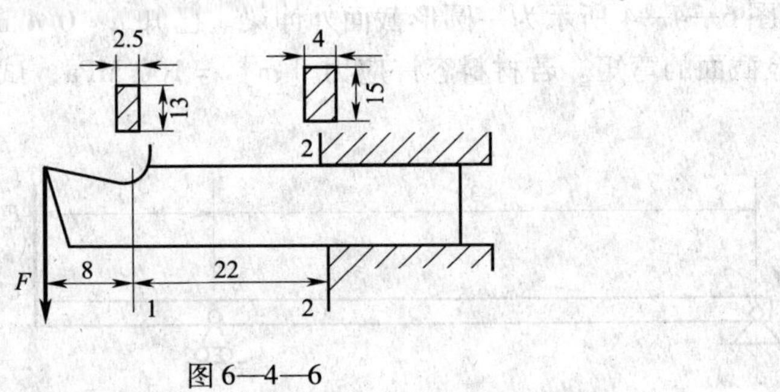

图6—4—6

模块七　组合变形分析

一、填空题（请将正确答案填在空白处）

1．多数构件在外力作用下，常产生________或________以上的基本变形，这类变形形式称为组合变形。常见的组合变形有________________组合变形和________组合变形。

2．如图 7—1—1 所示构件的 *BC* 部分产生的变形是________与________的组合。

3．拉伸（压缩）变形与弯曲组合变形的危险截面通常是构件上最大________所在的截面，其强度条件的数学表达式是__________________________。其中________是危险截面上危险点拉（压）弯组合变形时的最大正应力；式中比值______是由拉（压）作用产生的正应力；式中比值______是由弯曲作用产生的最大弯曲正应力；________是构件材料的容许应力。

4．如图 7—1—2 所示构件的 *BC* 部分产生的变形是________与________的组合，*CD* 部分产生的变形是________与________的组合。

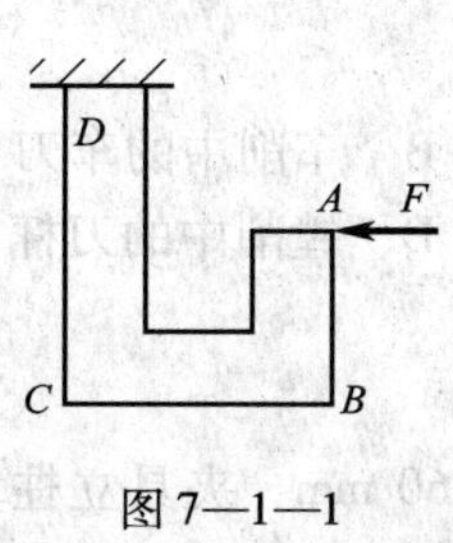

图 7—1—1

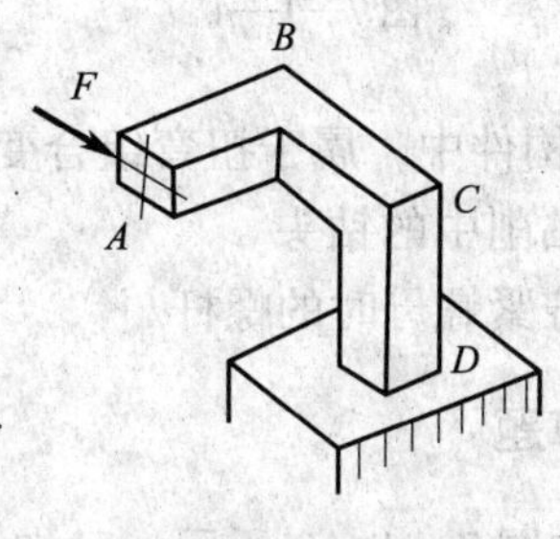

图 7—1—2

5．如图 7—1—3 所示构件在外力作用下产生的变形是______与______的组合。

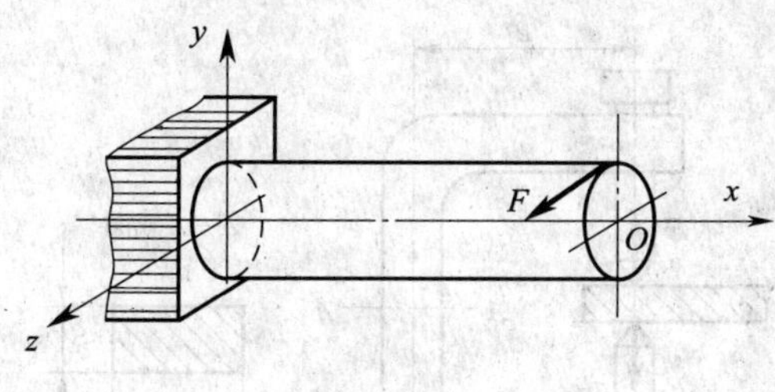

图 7—1—3

二、选择题（请在下列选项中选择一个正确答案并填在括号内）

1．下列构件中，属于拉（压）弯组合变形的是（　　）。

A. 钻削中的钻头　　　　B. 车削中的车刀　　　　C. 拧紧螺母时的螺杆

D. 工作中的带传动轴　　E. 镗削中的刀杆

2. 如图 7—1—4 所示，*AB* 杆产生的变形是（　　）。

A. 拉伸与扭转的组合　　　　B. 拉伸与弯曲的组合

C. 扭转与弯曲的组合　　　　D. 压缩与弯曲的组合

3. 如图 7—1—5 所示结构，其中 *AD* 杆发生的变形为（　　）。

A. 弯曲变形

B. 压缩变形

C. 弯曲与压缩的组合变形

D. 弯曲与拉伸的组合变形

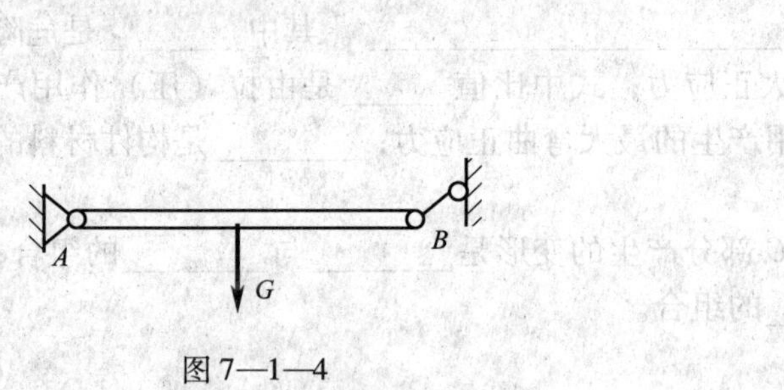

图 7—1—4

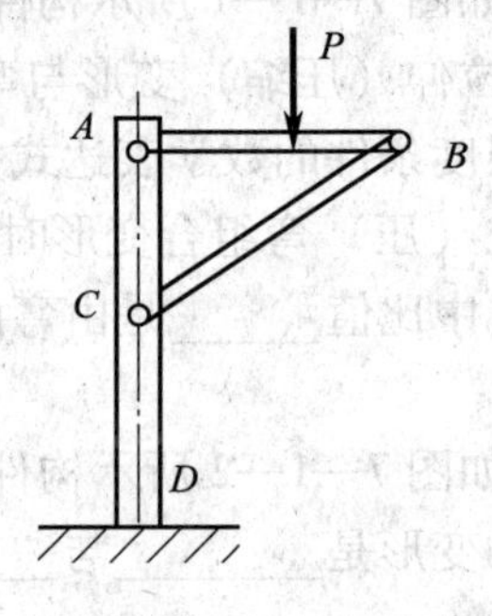

图 7—1—5

4. 下列构件中，属于扭弯组合变形的是（　　）。

A. 钻削中的钻头　　　　B. 车削中的车刀

C. 拧紧螺母时的螺杆　　D. 镗削中的刀杆

三、计算题

一夹具如图 7—1—6 所示。已知：$F=2$ kN，偏心距 $e=60$ mm，夹具立柱为矩形截面，$b=10$ mm，$h=22$ mm，材料为 Q235 钢，容许应力为 $[\sigma]=160$ MPa。试校核夹具立柱的强度。

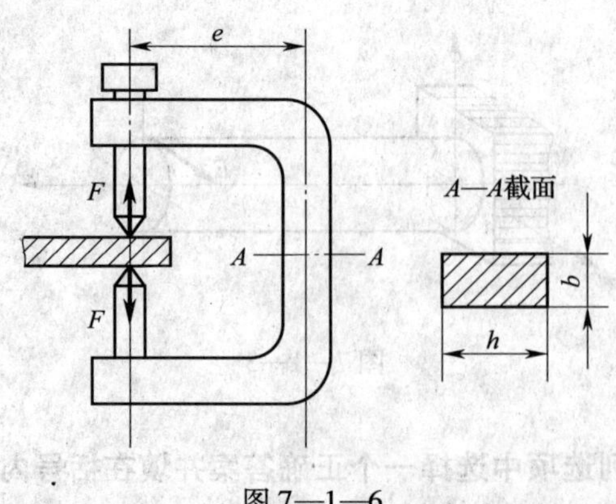

图 7—1—6

模块八 压杆稳定分析

一、填空题（请将正确答案填在空白处）

1．决定压杆柔度的因素是__________________________。

2．若两根细长压杆的惯性半径 $i=\sqrt{\frac{I}{A}}$ 相等，当________________相同时，它们的柔度相等。

3．若两根细长压杆的柔度相等，当________相同时，它们的临界应力相等。

4．两端铰支的圆截面压杆，若 $\lambda_p=100$，则压杆的长度与横截面直径之比 $\frac{L}{d}$________时，才能应用欧拉公式。

5．大柔度压杆和中柔度压杆一般因________而失效，小柔度压杆因____________而失效。

6．如图 8—1 所示两根杆都是大柔度杆，材料、杆长和横截面形状大小都相同，杆端约束不同。其中，图 a 为两端铰支；图 b 为一端固定，一端自由。那么两杆临界力之比应为______。

7．如图 8—2 所示两细长压杆，a、b 两图的材料和横截面均相同，其中__________杆的临界力较大。

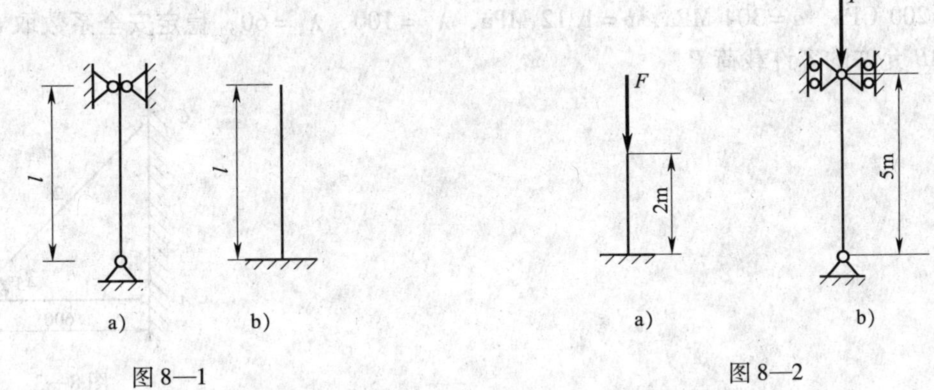

图 8—1　　图 8—2

二、选择题（请在下列选项中选择一个正确答案并填在括号内）

1．若细长压杆其长度系数增加一倍，则（　　）。

A．F_{cr}增加一倍

B．F_{cr}增加为原来的四倍

C. F_{cr}减少为原来的二分之一

D. F_{cr}减少为原来的四分之一

2. 下列结论中正确的是（　　）。

（1）若压杆中的实际应力不大于该压杆的临界应力，则杆件不会失稳。

（2）受压杆件的破坏均由失稳引起。

（3）压杆临界应力的大小可以反映压杆稳定性的好坏。

（4）若压杆中的实际应力大于 $\sigma_{cr}=\dfrac{\pi^2 E}{\lambda^2}$，则压杆必定破坏。

A.（1）（2）　　B.（2）（4）

C.（1）（3）　　D.（2）（3）

三、判断题（判断正误并在括号内填√或×）

1. 压杆的临界压力（或临界应力）与作用载荷大小有关。（　　）

2. 两根材料、长度、截面面积和约束条件都相同的压杆，其临界压力也一定相同。（　　）

3. 压杆的临界应力值与材料的弹性模量成正比。（　　）

4. 细长压杆，若其长度系数增加一倍，F_{cr}增加为原来的 4 倍。（　　）

5. 一端固定、一端自由的压杆，长 1.5 m，压杆外径 $D=76$ mm，内径 $d=64$ mm。材料的弹性模量 $E=200$ GPa，压杆材料的 λ_p 值为 100，则杆的临界应力 $\sigma_{cr}\approx 135$ MPa。（　　）

6. 上题压杆的临界力为 $F_{cr}=178$ kN。（　　）

四、计算题

1. 如图 8—3 所示结构，杆 1 和杆 2 的横截面均为圆形，$d_1=30$ mm，两杆材料的弹性模量 $E=200$ GPa，$a=304$ MPa，$b=1.12$ MPa，$\lambda_p=100$，$\lambda_s=60$，稳定安全系数取 $n_{st}=3$，求压杆 *AB* 允许的容许载荷 *P*。

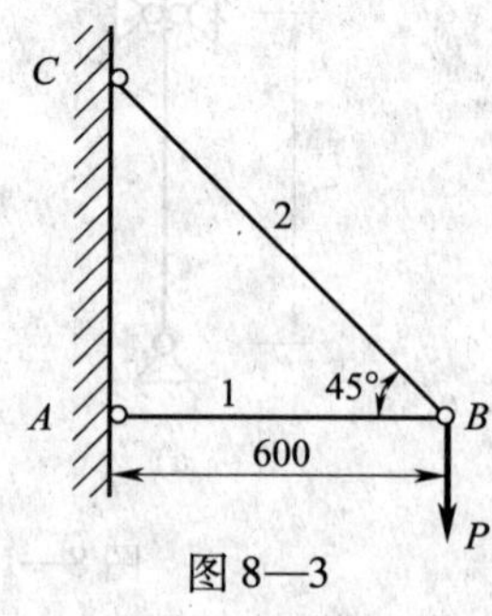

图 8—3

2. 压杆两端固定，杆长 2 m，截面为圆形，直径 $d=40$ mm，材料为 Q235 钢，$[\sigma]=160$ MPa，试求压杆的容许载荷。

综合试卷一

工程力学模块一～模块三综合试卷

题号	一	二	三	四	五	总分
得分						

一、填空题（请将正确答案填在空白处，每空 0.5 分，共 10 分）

1. 平衡指物体相对于地球保持______或做__________运动的状态。

2. 计算力 F 在 x 轴上的投影公式为______________，计算力 F 在 y 轴上的投影公式为______________。

3. 使物体产生运动或运动趋势的力称为________。限制物体运动的其他物体称为________，这种限制运动的力称为________。

4. 单个物体的受力分析思路是：取____为研究对象；画______的受力图。画单个物体受力图时注意：先画________，再画__________。

5. 力在坐标轴上的投影是______量，当投影的指向与坐标轴的正向一致时，投影为____号；当力与某坐标轴垂直时，力在该轴上的投影为____；当力与某坐标轴平行时，则力在该轴上的投影的绝对值与该力的大小__________。

6. 平面力偶力系的合成结果为________________，所以平面力偶力系的平衡条件为________________。

7. 可以把作用在刚体上某点的力 $\boldsymbol{F}$ ________到任意点 O，但必须同时附加力偶，这个附加力偶的力偶矩等于力 $\boldsymbol{F}$ 对新作用点 O 的________。

8. ________是反映杆上所有截面轴力大小沿杆长度方向分布情况的图形。

二、选择题（选择一个正确答案并将其填在括号内，每题 1 分，共 20 分）

1. 不属于材料力学研究范围的假设是（　　）。

A. 平面假设　　B. 均匀连续性假设

C. 各向同性假设　　D. 小变形假设

2. 力对物体的作用效果取决于力的（　　）。

A. 大小、方向、作用时间　　B. 方向、作用点、作用时间

C. 大小、作用点、作用时间　　D. 大小、方向、作用点

3. 刚体上存在三个力 $\boldsymbol{F}_1$、$\boldsymbol{F}_2$、$\boldsymbol{F}_3$，它们的大小均不等于零，其中 $\boldsymbol{F}_1$ 和 $\boldsymbol{F}_2$ 沿同一作用线，刚体处于（　　）。

A. 平衡状态　　B. 不平衡状态

C. 匀速直线运动状态　　D. 匀速圆周运动状态

4. 力的可传性原理只适用于（　　）。

A. 变形体　　B. 刚体

C. 任意物体　　D. 移动着的物体

5. 作用于刚体上的两个力，使刚体处于平衡状态的充分必要条件是：这两个力（　　）。

A. 大小相等、方向相反，且作用在同一直线上

B. 大小相等、方向相同，且作用在同一直线上

C. 大小不等、方向相反，且作用在同一直线上

D. 大小相等、方向相反，且不作用在同一直线上

6. 当力垂直于轴时，力在轴上的投影（　　）。

A. 大于零　　B. 小于零

C. 等于零　　D. 等于自身

7. 合力在任一轴上的投影等于各分力在同一轴上投影的（　　）。

A. 代数和　　B. 矢量和

C. 代数差　　D. 矢量差

8. 力矩的计算式为（　　）。

A. $M_O(F) = Fd$　　B. $M_O(F) = \pm Fd$

C. $M(F) = \pm Fd$　　D. $M(F) = Fd$

9. 下图所示各组力偶中，两个力偶等效的是（　　）。

6N　5m　6N　4m

M=10N·m　M=5N·m

10N　2m　M=20N·m

A.　　B.　　C.

10. 水渠中的水对堤坝护坡的压力可以简化为（　　）。

A. 一个集中力　　B. 一个力偶

C. 均布载荷　　D. 非均布载荷

11. 固定支座也称固定端支座，其约束反力（　　）。

A. 用一个合力表达　　B. 用一对正交分力表达

C. 用一个合力和一个合力偶表达　　D. 用两个合力表达

12. 约束反力的方向可以确定的是（　　）。

A. 固定铰支座　　B. 柔性约束

C. 固定端支座　　D. 光滑接触面约束

13. 画物体整体受力图时，一定不能画出（　　）。

A. 系统外力　　B. 系统内力

C. 主动力和被动力　　D. 约束反力

14. 画受力图的外力首先考虑画出的是（　　）。

A. 光滑面接触力和固定支座反力　　B. 固定支座和活动支座反力

C. 钢索拉力和固定支座反力　　D. 重力与钢索拉力

15. 为了便于解题，坐标轴方向的选取方法一般是（　　）。

A. 水平或铅垂　　B. 任意

C. 与多数未知力平行或垂直

D. 一个水平，一个铅垂

16. 平面一般力系平衡的充分必要条件是（　　）。

A. 合力为零　　B. 合力矩为零

C. 主矢和主矩均为零　　D. 各分力对某坐标轴投影的代数和为零

17. 为研究构件的内力和应力，材料力学中广泛使用（　　）。

A. 几何法　　B. 解析法

C. 投影法　　D. 截面法

18. 构件的容许应力［σ］是保证构件安全工作的（　　）。

A. 最高工作应力　　B. 最低工作应力

C. 平均工作应力　　D. 额定工作应力

19. 拉（压）杆的危险截面必为全杆中（　　）的横截面。

A. 正应力最大　　B. 面积最小

C. 轴力最大　　D. 应力集中

20. 在弹性范围内，杆件抗拉刚度 EA 数值越大，杆件变形（　　）。

A. 越容易　　B. 越不易

C. 越显著　　D. 不确定

三、判断题（判断正误并在括号内填√或×，每题 1 分，共 10 分）

1. 工程上所用的构件都是由固体构成的，当分析其强度、刚度、稳定性时，则不用考虑变形，把构件视为刚体。（　　）

2. 受力物体与施力物体是相对研究对象而言的。（　　）

3. 合力 $\boldsymbol{F}_R$在轴上的投影，等于各分力在同一轴上投影的代数和。（　　）

4. 力对刚体的外效应分为移动和转动两种。力对刚体的移动效应用力矢度量，力对刚体的转动效应用力矩度量。（　　）

5. 根据加减平衡力系公理可以导出力的可传性推论：作用于刚体上某点的力，可以沿着它的作用线移到刚体内任意一点，并不改变该力对刚体的作用效果。该推论适用于变形固体。（　　）

6. 力矩使物体绕定点转动的效果取决于力的大小和力臂的大小两个方面。（　　）

7. 力偶在任一轴上投影均为零。（　　）

8. 柔性约束的约束力作用点在接触点处，方向沿着柔性物体的中心线指向物体。（　　）

9. 力系在平面内任意一坐标轴上投影的代数和为零，则该力系一定是平衡力系。（　　）

10. 作用于刚体上的力，其作用线可在刚体上任意平行移动，其作用效果不变。（　　）

四、作图题（共 16 分）

1. 作图 z—1 中各梁的受力图，梁自重忽略不计。(8 分)

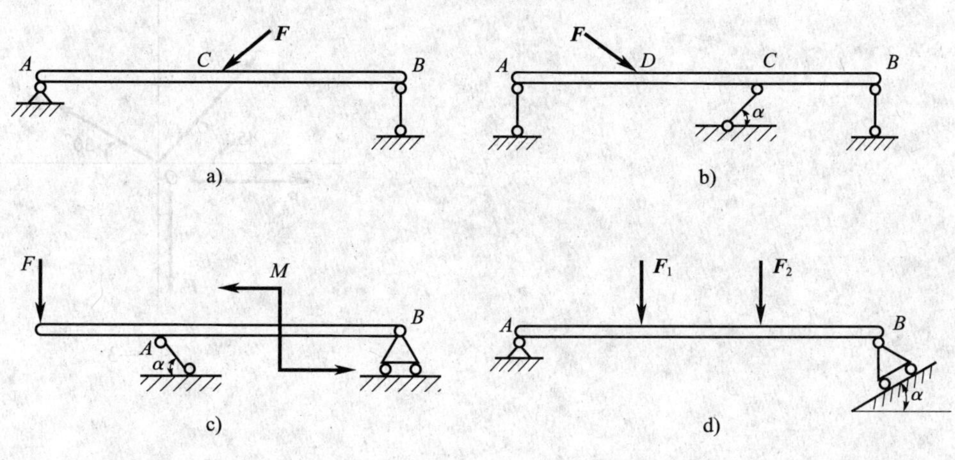

图 z—1

2. 画出图 z—2 中各杆的受力图和系统受力图。各物体的自重忽略不计。(8 分)

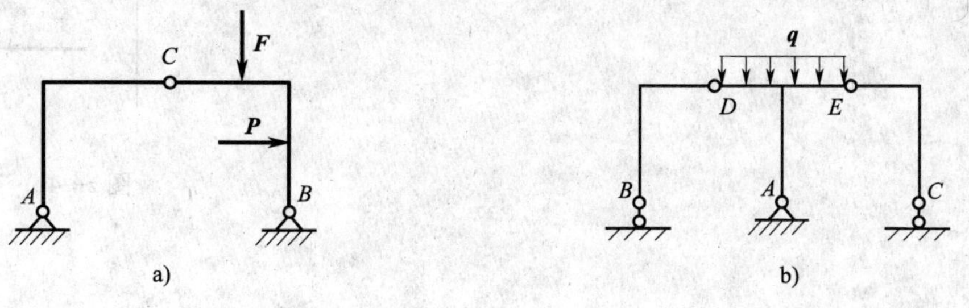

图 z—2

五、计算题（共 44 分）

1. 如图 z—3 所示，已知 $F_1 = F_2 = F_3 = F_4 = 40$ N，试分别求出各力在 x、y 轴上的投影。（4 分）

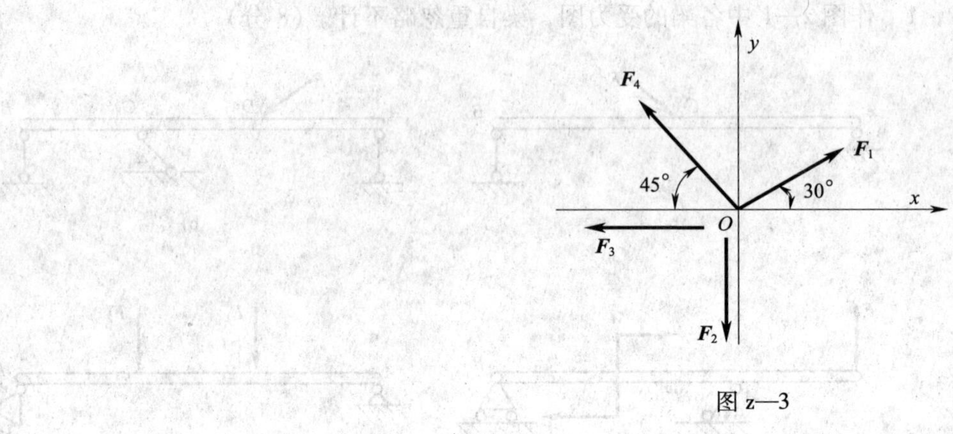

图 z—3

2. 计算图 z—4 中的合力在直角坐标系中的投影。（4 分）

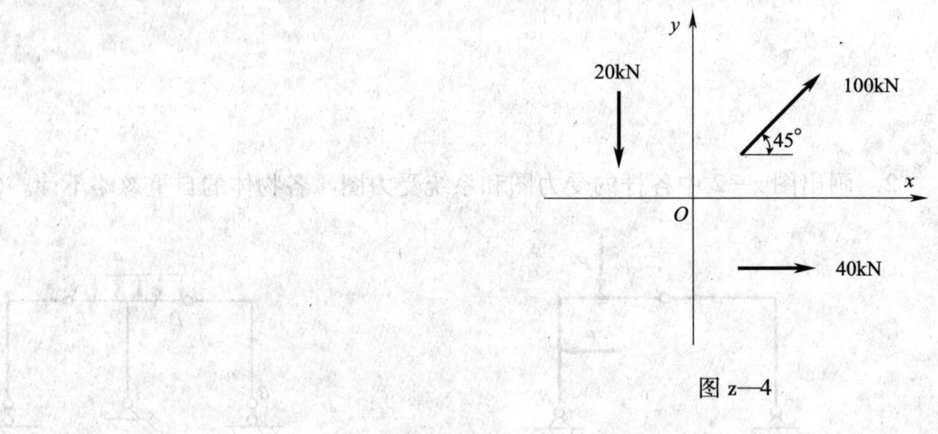

图 z—4

3. 图 z—5 所示矩形板 $ABCD$ 中，$AB = 100$ mm，$BC = 80$ mm，$F = 10$ N，$\alpha = 30°$。试分别计算力 F 对 A、B、C、D 各点的力矩。（4 分）

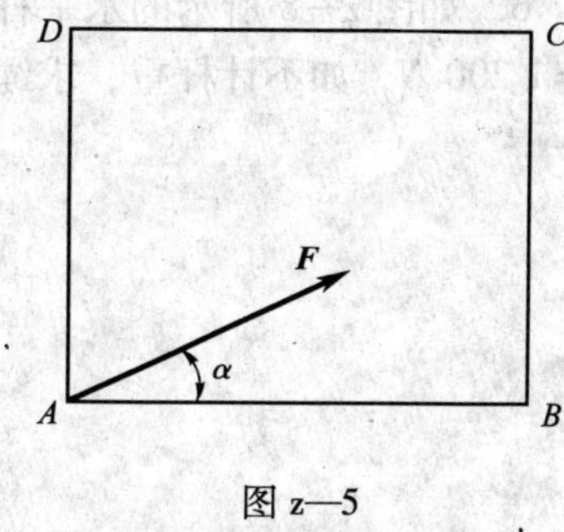

图 z—5

4．起吊双曲拱桥的拱肋时，在图 z—6 所示位置平衡，试求钢索 AB 和 AC 的拉力。设 $W=30$ kN。（5 分）

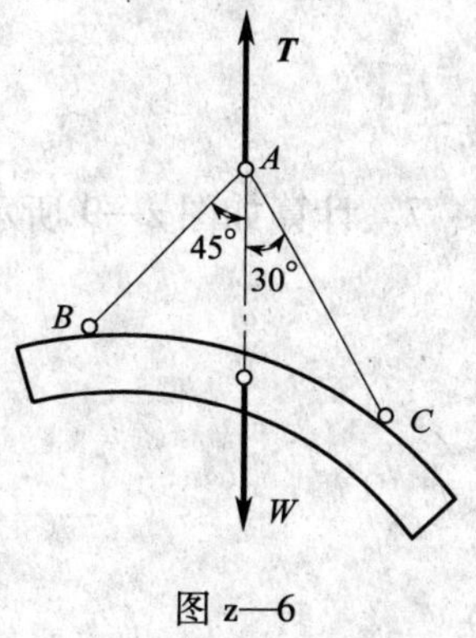

图 z—6

5．如图 z—7 所示结构中各构件的自重不计，在构件 AB 上作用一力偶，其力偶矩 $M=$ 800 N · m，求 A 点和 C 点的约束反力。（5 分）

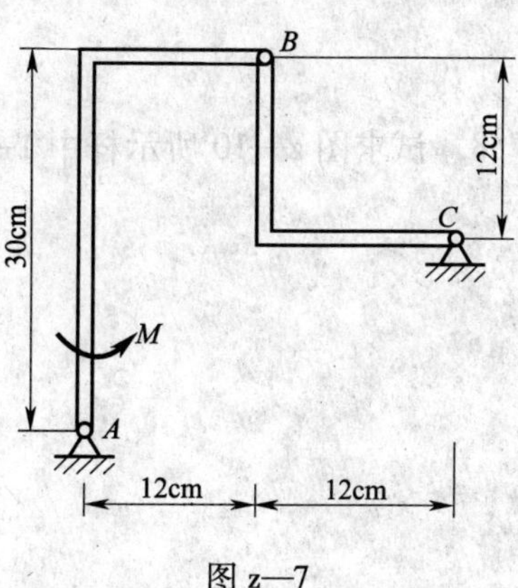

图 z—7

6. 如图 z—8 所示的水平杆 AB，A 端为固定铰链，C 点用绳索系于墙上。已知铅垂力 $F=1\ 200$ N，如不计杆重，求绳子的拉力及铰链 A 的约束反力。(5 分)

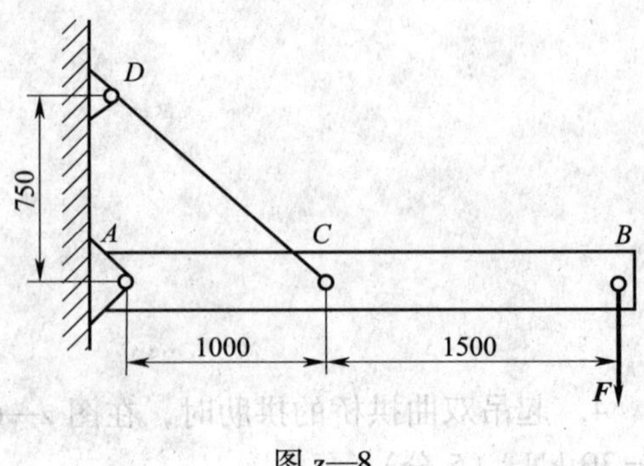

图 z—8

7. 计算如图 z—9 所示三铰刚架的支座反力。(5 分)

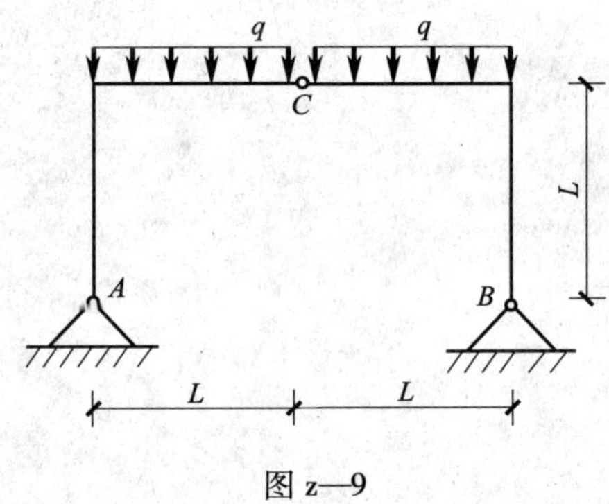

图 z—9

8. 试求图 z—10 所示杆中 1—1、2—2 截面上的轴力，并作轴力图。(5 分)

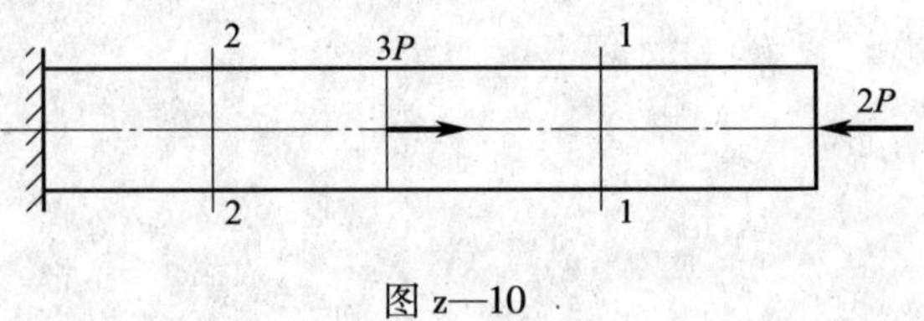

图 z—10

9. 如图 z—11 所示 AB 杆为钢杆，其横截面面积 $A_1=600\ \text{mm}^2$，容许应力 $[\sigma]=140\ \text{MPa}$；BC 杆为木杆，横截面面积 $A_2=3\times10^4\ \text{mm}^2$，容许压应力 $[\sigma_y]=3.5\ \text{MPa}$。试求最大容许载荷 P。（7 分）

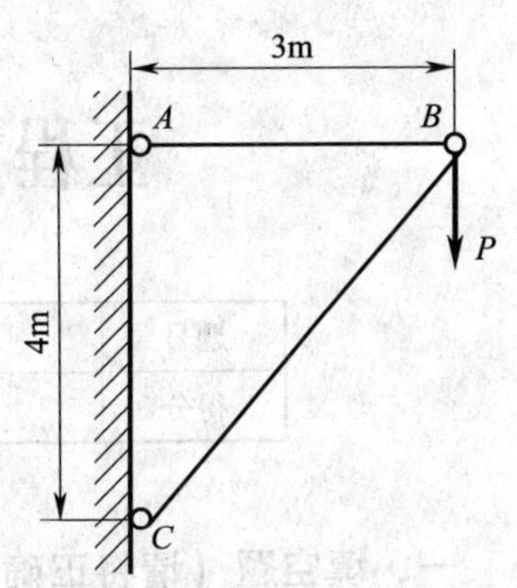

图 z—11

综合试卷二

工程力学模块四～模块八综合试卷

题号	一	二	三	四	五	总分
得分						

一、填空题（请将正确答案填在空白处，每空 0.5 分，共 10 分）

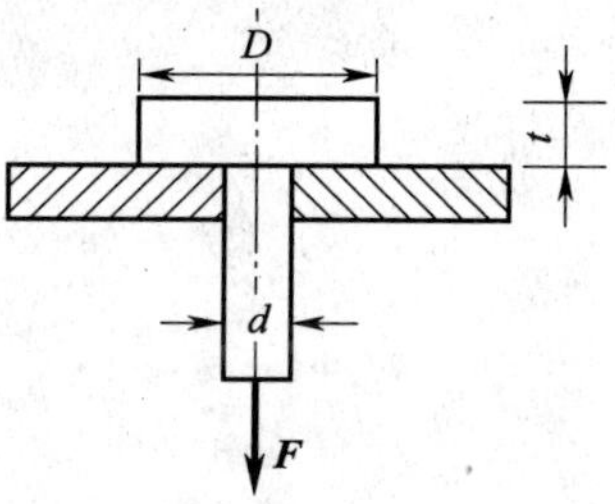

1. 如图 z—12 所示构件的剪切面积是__________，挤压面积是__________。

2. 扭转变形的受力特点是：作用在杆件两端的一对力偶____________、__________，力偶的作用面________________杆件轴线。

3. 直径为 D 的实心轴，两端受扭转力偶作用，轴内最大切应力为 τ，若轴的直径改为 $D/2$，则此情况下轴内的最大切应力为__________。

图 z—12

4. 两根实心圆轴的直径 d 和长度 L 都相同，而材料不同，在相同扭矩作用下，横截面上的最大切应力____________，单位长度的扭转角____________。

5. 圆轴扭转强度条件的表达式是__________________，即为保证轴工作时不致因强度不够而破坏，最大扭转切应力 τ_{max} 不得超过材料的________________。

6. 直梁弯曲时横截面上的内力有______和______，对于跨度较大的梁，______对梁的强度影响比较小，所以______的作用可以忽略不计。

7. 等截面梁的危险截面上，离__________________的应力是全梁的最大弯曲正应力，________往往从这里开始。

8. 梁弯曲时的合理截面形状应是在材料相同的条件下，不增加______而使其______值尽可能大的截面形状。

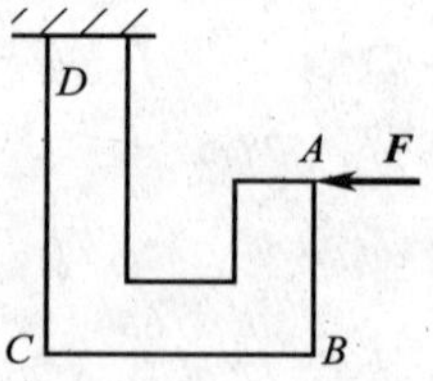

9. 如图 z—13 所示构件的 BC 部分产生的变形是____________与____________的组合。

10. 若两根细长压杆的惯性半径 $i=\sqrt{\dfrac{I}{A}}$ 相等，当__________相同时，它们的柔度相等。

图 z—13

二、选择题（选择一个正确答案并将其填在括号内，每题 1 分，共 20 分）

1. 如图 z—14 所示，一个剪切面上的内力为（　　）。

A. F　　　　B. $2F$　　　　C. $F/2$　　　　D. $F/4$

2. 钢材的容许切应力［τ］与容许拉伸应力［σ］的关系正确的是（　　）。

A. ［τ］＝（0.5～0.6）［σ］　　　　B. ［τ］＝（0.75～0.80）［σ］

C. ［τ］＝（0.8～1.0）［σ］

3. 如图 z—15 所示，圆锥销的受剪面积为（　　）。

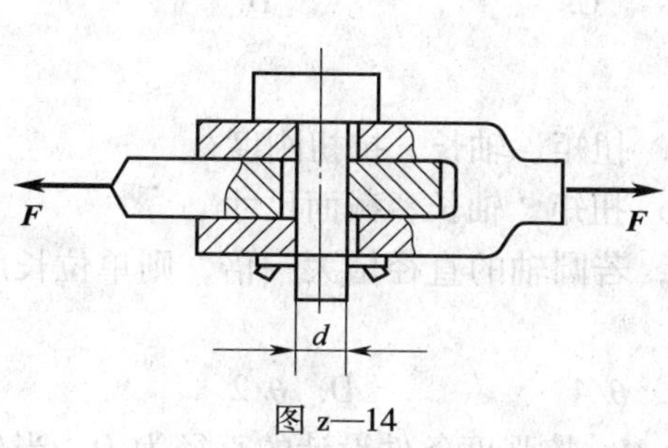

图 z—14

图 z—15

A. $\dfrac{\pi D^2}{4}$　　　　B. $\dfrac{\pi d^2}{4}$

C. $\dfrac{\pi}{4}\left(\dfrac{D+d}{2}\right)^2$　　　　D. $\dfrac{\pi}{4}(D^2-d^2)$

4. 下图所示为一传动轴上齿轮的布置方案，其中对提高传动轴扭转强度有利的是（　　）。

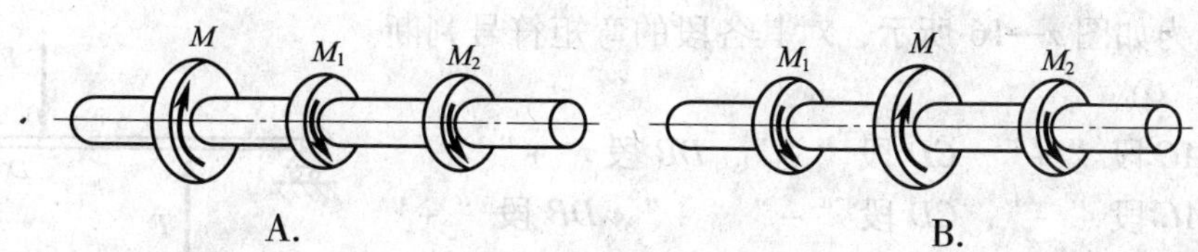

5. 汽车传动主轴所传递的功率不变，当轴的转速降低为原来的二分之一时，轴所受的外力偶矩较转速降低前将（　　）。

A. 增大一倍　　　　B. 增大三倍

C. 减小一半　　　　D. 不改变

6. 对于受扭的圆轴，有如下结论：

（1）最大切应力只出现在横截面上。

（2）在横截面上和包含杆件轴线的纵截面上均无正应力。

（3）圆轴内最大拉应力的值和最大切应力的值相等。

下面四种答案中正确的为（　　）。

A. （1）、（2）对　　　　B. （1）、（3）对

C. （2）、（3）对　　　　D. 全对

7. 两根长度相同的圆轴，受相同的扭矩作用，第二根轴直径是第一根轴直径的两倍，则第一根轴与第二根轴最大切应力之比为（　　）。

A. 2∶1　　　　B. 4∶1　　　　C. 8∶1　　　　D. 16∶1

8. 实心或空心圆轴扭转时，已知横截面上的扭矩为 T，在所绘出的相应圆轴横截面上的切应力分布图如下所示，其中（　　）是正确的。

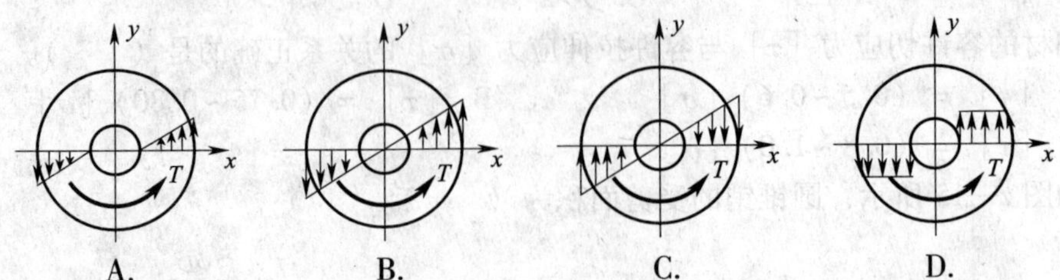

9. 影响圆轴扭转角大小的因素是（　　）。

A. 扭矩、材料、轴长　　B. 扭矩、轴长、抗扭刚度

C. 扭矩、材料、截面尺寸　　D. 扭矩、轴长、截面尺寸

10. 等截面圆轴扭转时的单位长度扭转角为 θ，若圆轴的直径增大一倍，则单位长度扭转角将变为（　　）。

A. $\theta/16$　　B. $\theta/8$　　C. $\theta/4$　　D. $\theta/2$

11. 使一实心圆轴受扭转的外力偶的力偶矩为 M，按强度条件设计的直径为 D。当外力偶矩增大为 $2M$ 时，直径应增大为（　　）。

A. 1.89D　　B. 1.26D

C. 1.414D　　D. 2D

12. 梁弯曲时，横截面的内力有（　　）。

A. 拉力　　B. 压力　　C. 剪力　　D. 扭矩

13. 梁受力如图 z—16 所示，对其各段的弯矩符号判断正确的是（　　）。

A. AC 段“+”，CD 段“-”，DB 段“+”

B. AC 段“-”，CD 段“-”“+”，DB 段“+”

C. AC 段“+”“-”，CD 段“-”，DB 段“+”

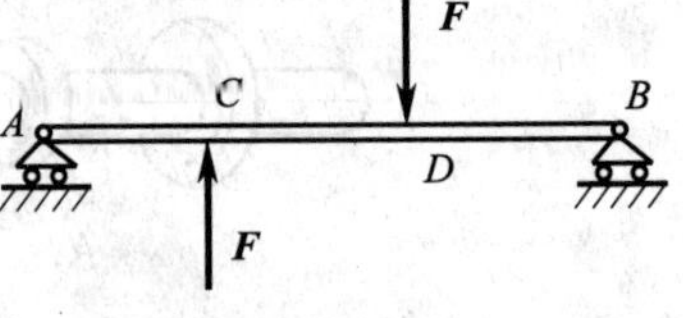

图 z—16

14. 纯弯曲梁的横截面上（　　）。

A. 只有正应力　　B. 只有切应力

C. 既有切应力，又有正应力

15. 在图 z—17 所示的各梁中，属于纯弯曲的节段是（　　）。

A. 图 a 中的 AB，图 b 中的 BC，图 c 中的 BC

B. 图 a 中的 AC，图 b 中的 AD，图 c 中的 BC

C. 图 a 中的 AB，图 b 中的 AC，图 c 中的 AB

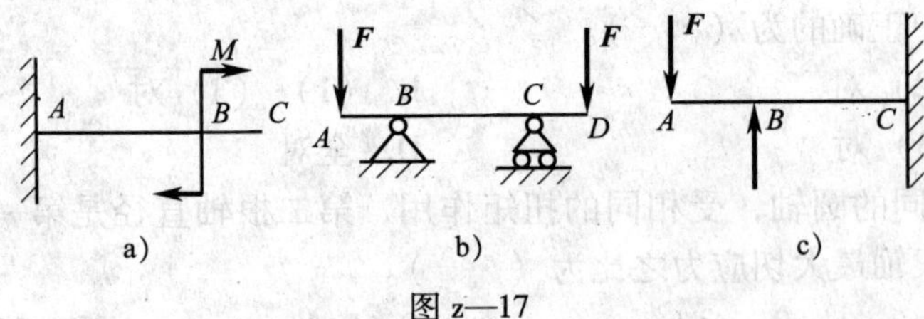

图 z—17

16. 梁的横截面上最大正应力相等的条件是（　　）。

A. M_{max} 与横截面积相等　　B. M_{max} 与 W_z（抗弯截面模量）相等

C. M_{max}与W_z相等，且材料相同

17. 工厂大型厂房的吊车横梁，一般都使用（　　）。

A. 矩形钢　　B. 工字钢

C. 圆钢　　D. 槽钢

18. 用T形截面形状的铸铁材料制作悬臂梁，从提高梁的弯曲强度考虑，（　　）的方案是合理的。

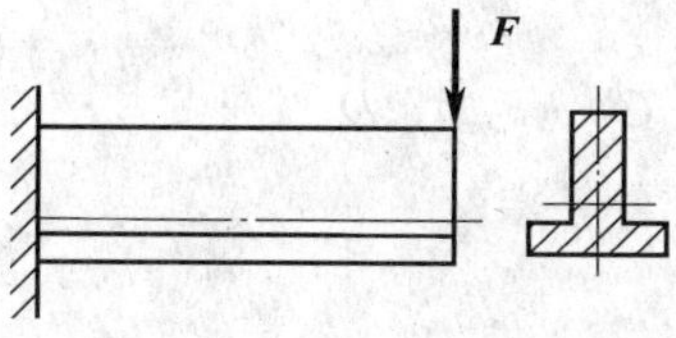

A. 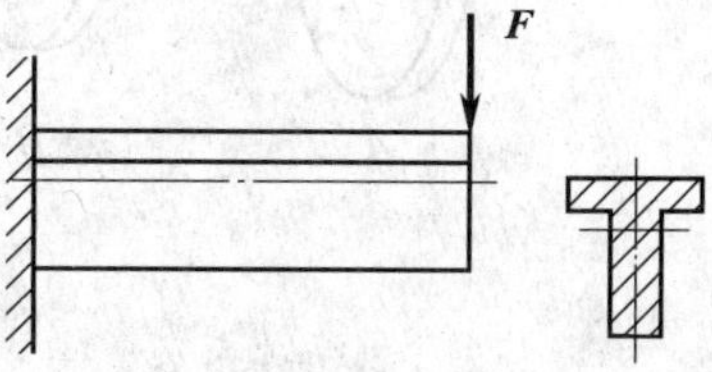　　B.

19. 下列构件中属于扭弯组合变形的是（　　）。

A. 钻削中的钻头　　B. 车削中的车刀

C. 拧紧螺母时的螺杆　　D. 镗削中的刀杆

20. 细长压杆，若其长度系数增加一倍，则（　　）。

A. F_{cr}增加一倍　　B. F_{cr}增加为原来的四倍

C. F_{cr}减少为原来的二分之一　　D. F_{cr}减少为原来的四分之一

三、判断题（判断正误并在括号内填√或×，每题1分，共10分）

1. 切应力方向总是和外力的方向相反。（　　）

2. 构件受剪切时，剪力与剪切面是垂直的。（　　）

3. 圆轴扭转时，各横截面之间产生绕轴线的相对错动，故可以说扭转变形的实质是剪切变形。（　　）

4. 圆轴扭转危险截面一定是扭矩和横截面积均达到最大值的截面。（　　）

5. 扭转角φ与扭矩T、轴长l成正比，与GI_p成反比。乘积GI_p称为圆截面轴的抗扭刚度。（　　）

6. 塑性材料试件受扭时，滑移与剪断均发生在最大切应力的作用面上。（　　）

7. 弯矩的作用面与梁的横截面垂直，它们的大小及正负由截面一侧的外力确定。（　　）

8. 由于弯矩是垂直于横截面的内力的合力偶矩，所以弯矩必然在横截面上形成正应力。（　　）

9. 为保证承受弯曲变形的构件能正常工作，不但对其有强度要求，有时还要有刚度要求。（　　）

10. 等强度梁内的弯矩和抗弯截面模量均随横截面位置变化，弯矩和抗弯截面模量的比值也随横截面位置变化。（　　）

四、作图题（共16分）

1. 图z—18所示传动轴，已知主动轮的转矩$M_A = 30\ \text{kN}\cdot\text{m}$，从动轮的转矩分别为

$M_B = 15$ kN·m，$M_C = 10$ kN·m，$M_D = 5$ kN·m，试作轴的扭矩图，并说明传动轴上主动轮和从动轮如何安置最合理。（8 分）

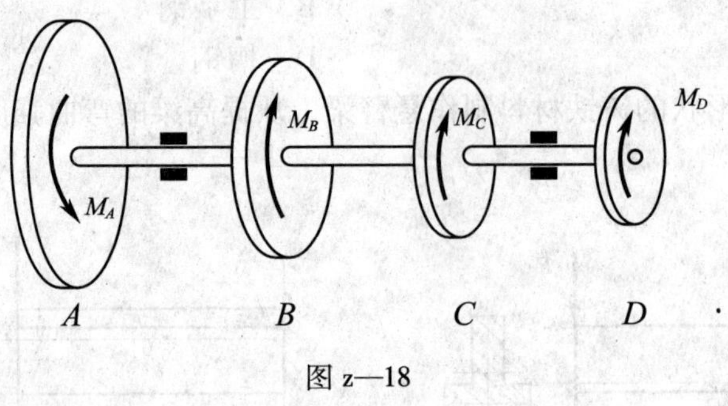

图 z—18

2．绘出图 z—19 所示各梁的弯矩图。（8 分）

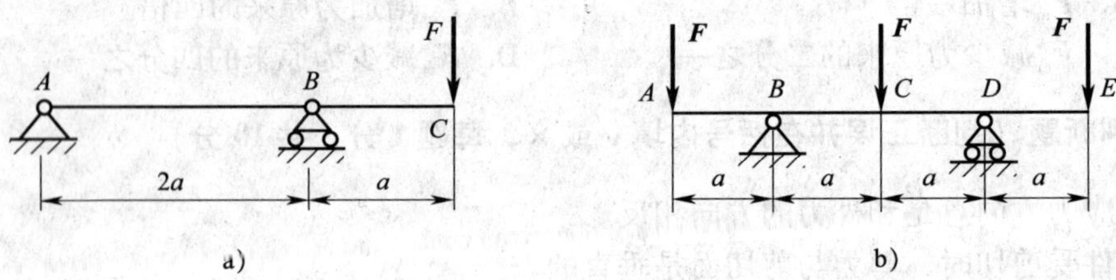

图 z—19

五、计算题（共44分）

1．铆钉受力如图 z—20 所示，已知外力 $P=10$ kN，$t=10$ mm，铆钉截面直径 $d=5$ mm。计算其所受挤压应力及切应力。(4分)

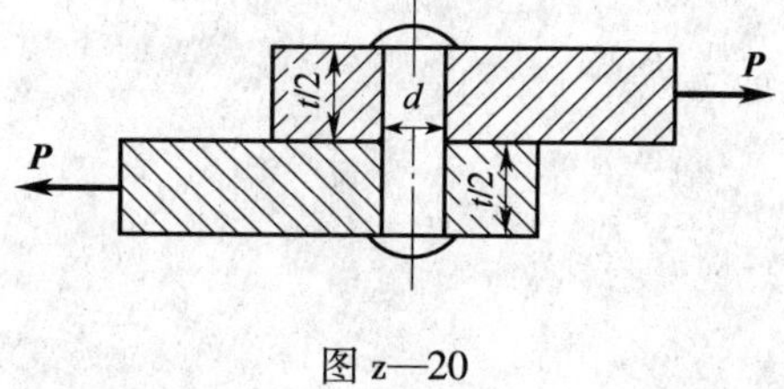

图 z—20

2．图 z—21 所示木榫接头，$P=50$ kN，试求接头的切应力与挤压应力。(6分)

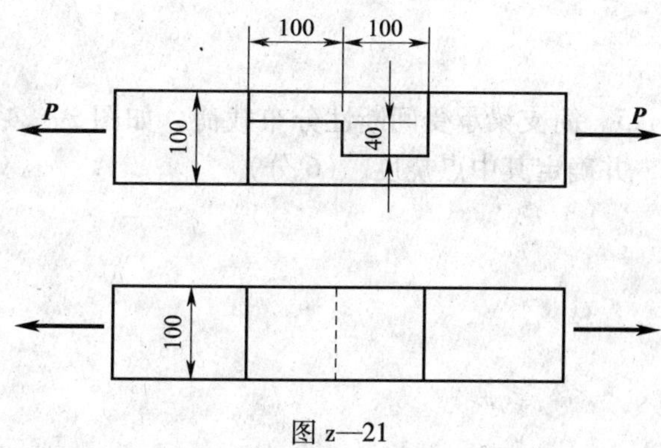

图 z—21

3．两块钢板厚 $t_1=8$ mm，$t_2=10$ mm，用5个直径相同的铆钉搭接，受拉力 $P=200$ kN 的作用，如图 z—22 所示。设铆钉的容许应力分别为 $[\tau]=140$ MPa，$[\sigma_{bs}]=320$ MPa，试求铆钉的直径 d。(6分)

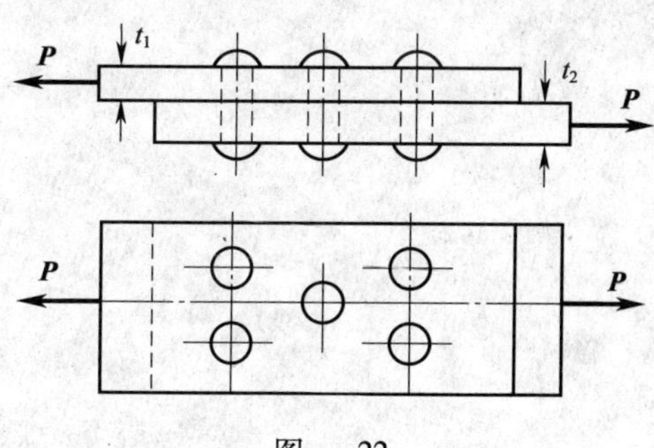

图 z—22

4. 一阶梯轴其计算简图如图 z—23 所示，已知容许切应力 [τ] =60 MPa，D_1 = 22 mm，D_2 =18 mm，求许可的最大外力偶矩 M_e。(8 分)

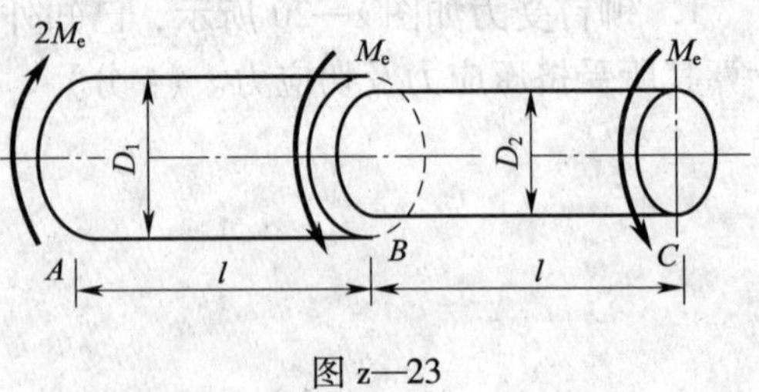

图 z—23

5. 简支梁承受间断性分布载荷，如图 z—24 所示。试用奇异函数写出其小挠度微分方程，并确定其中点挠度。(6 分)

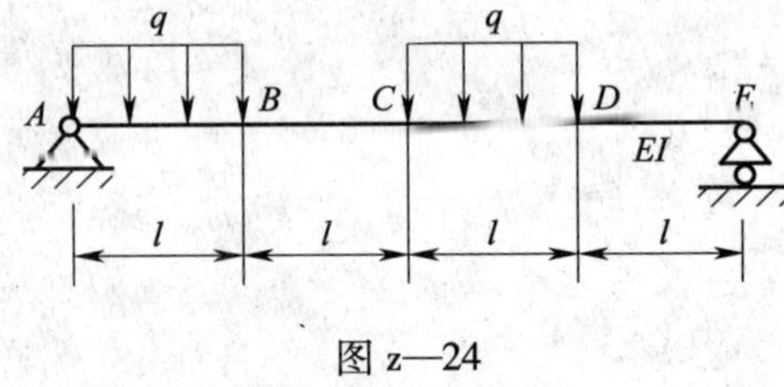

图 z—24

6. 试用叠加法求图 z—25 中梁截面 A 的挠度和截面 B 的转角。q、l、EI 等为已知。(6 分)

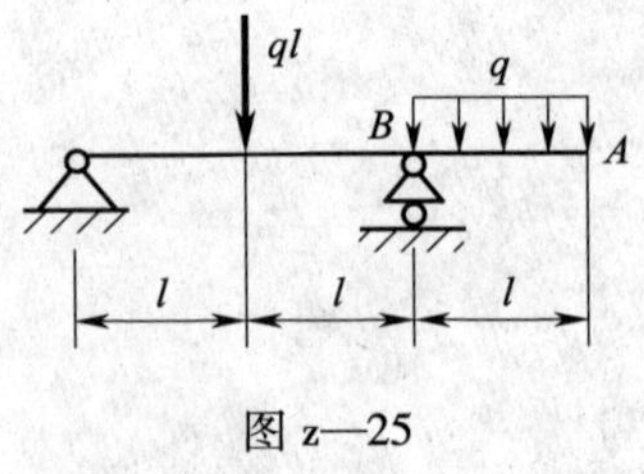

图 z—25

7. 图 z—26 所示结构，杆 1 和杆 2 的横截面均为圆形，$d_1 = 30$ mm，两杆材料的弹性模量 $E = 200$ GPa，$a = 304$ MPa，$b = 1.12$ MPa，$\lambda_p = 100$，$\lambda_s = 60$，稳定安全系数取 $n_{st} = 3$，求压杆 AB 的容许载荷 P。（8 分）

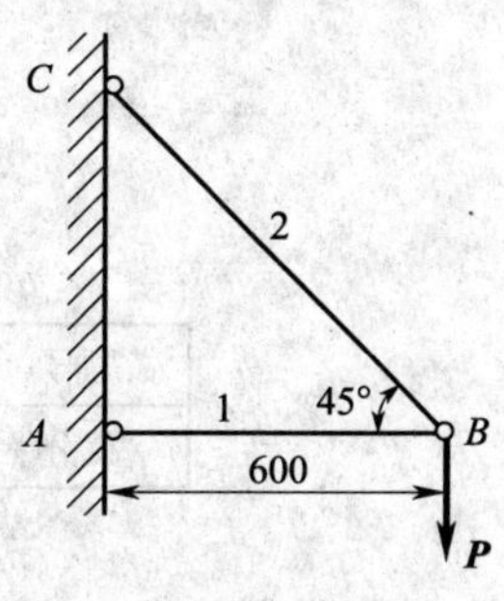

图 z—26

综合试卷三
工程力学综合试卷

题号	一	二	三	四	五	总分
得分						

一、填空题（请将正确答案填在空白处，每空 0.5 分，共 10 分）

1. 作用在物体上同一点的两个力，可以合成为一个合力。合力的______仍在该点，合力的________，由这两个力为边所构成的__________的对角线确定。

2. 力矩是一个代数量，其正负规定：力使物体绕矩心__________转动为正，反之为负。

3. 使物体产生运动或运动趋势的力称为________。限制物体运动的其他物体称为________，这种限制运动的力称为________。

4. 力在坐标轴上的投影是______量，当投影的指向与坐标轴的正向一致时，投影为____号；当力与某坐标轴垂直时，力在该轴上的投影为____；当力与某坐标轴平行时，则力在该轴上的投影的绝对值与该力的大小__________。

5. 杆件轴向拉伸和压缩的强度条件是__________，根据这个条件可以解决强度计算中的__________、____________和____________三种类型的问题。

6. 在工程实用计算中，通常假定受剪面上的____________均匀分布，在有效挤压面上的____________均匀分布。

7. 梁弯曲时横截面上的弯矩大小可以用截面法求得，其数值等于所取研究对象上所有______对该截面______的代数和。其正负号规定为：当梁弯曲成________时，截面上弯矩为正；当梁弯曲成________时，截面上弯矩为负。

二、选择题（选择一个正确答案并填在括号内，每题 1 分，共 20 分）

1. 作用力和反作用力是（　　）。

A. 物体间的相互作用力　　B. 平衡二力

C. 约束反力　　D. 相互垂直的两个分力

2. 力的可传性原理只适用于（　　）。

A. 变形体　　B. 刚体

C. 任意物体　　D. 移动着的物体

3. 如图 z—27 中，采用 a、b 两种不同的捆法吊起同一重物，已知 $\beta > \alpha$，哪种捆法绳索易断？（　　）

A. 图 a　　B. 图 b

C. 相同　　D. 无法判断

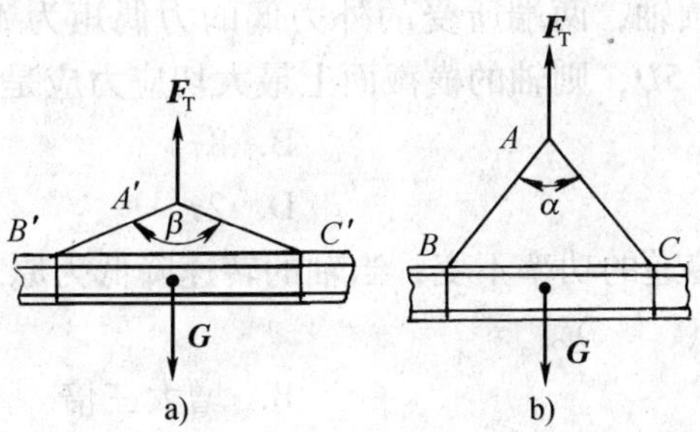

图 z—27

4. 力偶的作用效果是使物体发生（　　）。

A. 移动和转动　　B. 移动

C. 效应不能确定　　D. 转动

5. 约束反力的指向可以确定的是（　　）。

A. 固定铰支座　　B. 柔性约束

C. 固定端支座　　D. 光滑接触面约束

6. 画系统各个受力物体的受力图，需要假想将系统内、外的约束取消，这样一个受力分析过程叫（　　）。

A. 选取研究对象　　B. 受力分析

C. 解除约束　　D. 画分离体受力图

7. 若平面一般力系向某点简化后合力矩为零，则其合力（　　）。

A. 一定为零　　B. 不一定为零

C. 一定不为零　　D. 没关系

8. 横截面都为圆的两个杆，直径分别为 d 和 D，并且 $d=0.5D$。两杆横截面上扭矩相等，两杆横截面上的最大切应力之比 τ_{maxd}/τ_{maxD} 为（　　）。

A. 2　　B. 4

C. 8　　D. 16

9. 两根受扭圆轴的直径和长度均相同，但材料不同，在扭矩相同的情况下，它们的最大切应力 τ_1、τ_2 和扭转角 φ_1、φ_2 之间的关系为（　　）。

A. $\tau_1=\tau_2$，$\varphi_1=\varphi_2$　　B. $\tau_1=\tau_2$，$\varphi_1\neq\varphi_2$

C. $\tau_1\neq\tau_2$，$\varphi_1=\varphi_2$　　D. $\tau_1\neq\tau_2$，$\varphi_1\neq\varphi_2$

10. 如图 z—28 所示悬臂梁，在外力偶矩 M 的作用下，N—N 截面应力分布图正确的是（　　）。

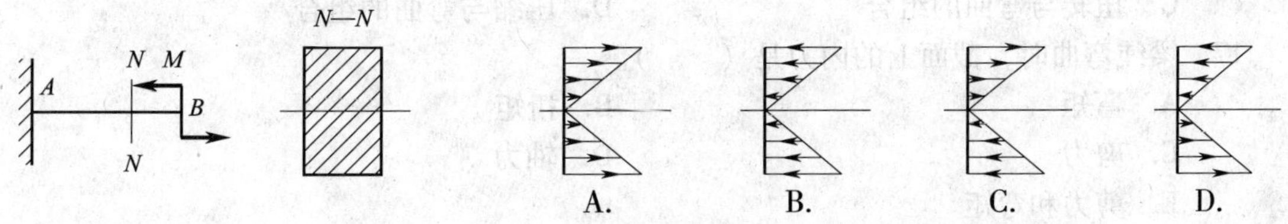

图 z—28

11．直径为 D 的实心圆轴，两端所受的外力偶的力偶矩为 M，轴的横截面上最大切应力是 τ。若轴的直径变为 $0.5D$，则轴的横截面上最大切应力应是（　　）。

A．16τ　　B．8τ

C．4τ　　D．2τ

12．汽车传动主轴所传递的功率不变，当轴的转速降低为原来的二分之一时，轴所受的外力偶矩较转速降低前将（　　）。

A．增大一倍　　B．增大三倍

C．减小一半　　D．不改变

13．悬臂梁在承受同一个集中载荷时，（　　）。

A．作用点在梁的中间，产生的弯矩最大

B．作用点离固定端最近，产生的弯矩最大

C．作用点离固定端最远，产生的弯矩最大

D．弯矩的大小与作用点的位置无关

14．梁的横截面上最大正应力相等的条件是（　　）。

A．M_{max} 与横截面积相等

B．M_{max} 与 W_z（抗弯截面模量）相等

C．M_{max} 与 W_z 相等，且材料相同

15．下图所示截面积相等的四根梁，抗弯截面模量最大的是（　　）。

z　z　z　z

A.　B.　C.　D.

16．如图 z—29 所示，AB 杆产生的变形是（　　）。

A　B　G

图 z—29

A．拉伸与扭转的组合　　B．拉伸与弯曲的组合

C．扭转与弯曲的组合　　D．压缩与弯曲的组合

17．梁纯弯曲时，截面上的内力是（　　）。

A．弯矩　　B．扭矩

C．剪力　　D．轴力

E．剪力和弯矩

18．图 z—30 所示圆轴，用截面法求扭矩，无论取哪一段作为研究对象，其同一截面的扭矩大小与符号（　　）。

A. 完全相同　　　　　　　　　　B. 正好相反

C. 不能确定

图 z—30

19. 当梁上的载荷只有集中力时，弯矩图为（　　）。

A. 水平直线　　　　　　　　　　B. 曲线

C. 斜直线

20. 下列结论中，正确的答案是（　　）。

（1）若压杆中的实际应力不大于该压杆的临界应力，则杆件不会失稳。

（2）受压杆件的破坏均由失稳引起。

（3）压杆临界应力的大小可以反映压杆稳定性的好坏。

（4）若压杆中的实际应力大于 $\sigma_{cr}=\dfrac{\pi^2E}{\lambda^2}$，则压杆必定破坏。

A.（1）（2）　　　　　　　　　B.（2）（4）

C.（1）（3）　　　　　　　　　D.（2）（3）

三、判断题（判断正误并在括号内填√或×，每题1分，共10分）

1. 在已知力系上加上或减去任意的平衡力系，并不改变原力系对刚体的作用效果。（　　）

2. 在均匀连续性假设的条件下，从构件内部任一部位所取的微元体，都具有与构件完全相同的力学性能。（　　）

3. 力在垂直坐标系上投影的绝对值与该力的正交分力大小一定相等。（　　）

4. 力矩的大小与矩心的位置无关。（　　）

5. 柔性约束的约束力作用点在接触点处，方向沿着柔性物体的中心线指向物体。（　　）

6. 平面汇交力系的合力一定大于任何一个分力。（　　）

7. 矢量方向垂直于所切横截面的内力偶矩，称为扭矩。（　　）

8. 当材料和横截面积相同时，与实心圆轴相比，空心圆轴的承载能力要大些。（　　）

9. 提高梁的弯曲刚度，可以采用缩小跨度或增加支座的方法。（　　）

10. 对于等截面梁，弯矩绝对值最大的截面，就是危险截面。（　　）

四、作图题（共16分）

1. 画出图 z—31 所示各杆件的受力图。图中未画重力的各物体的自重忽略不计，所有接触均为光滑接触。（8分）

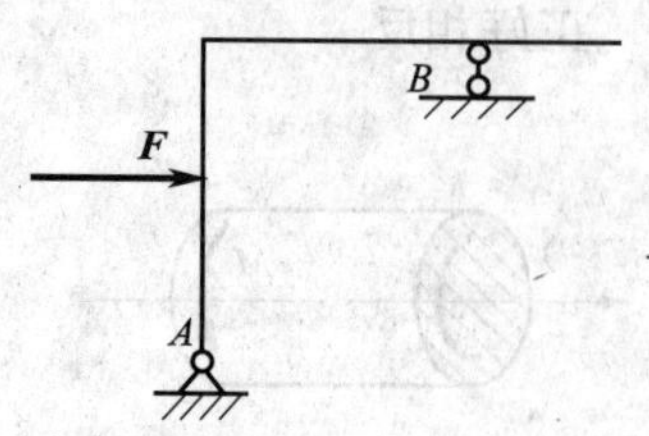

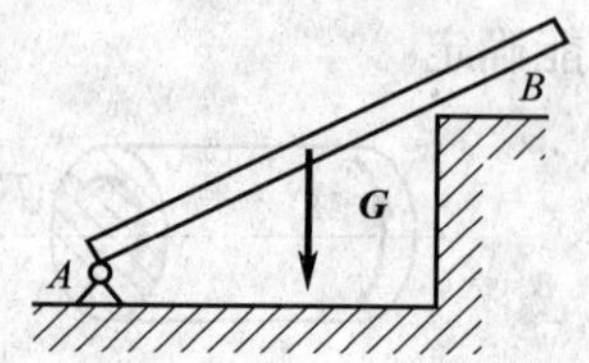

图 z—31

2．画出图 z—32 中各杆的受力图和系统受力图。各物体的自重忽略不计。（8 分）

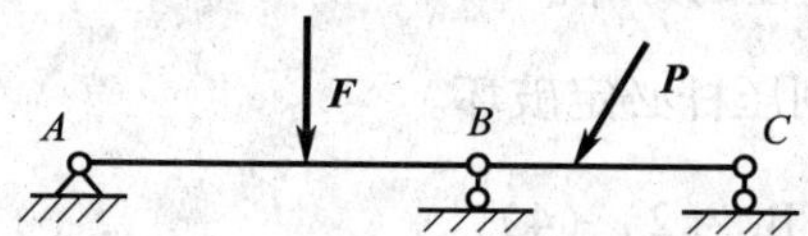

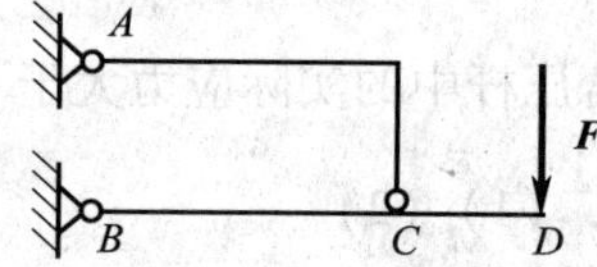

图 z—32

五、计算题（共 44 分）

1．试求图 z—33 所示各力在 X 轴和 Y 轴上的投影。已知：$F_1 = F_2 = F_4 = 100$ N，$F_3 = F_5 = 150$ N，$F_6 = 200$ N。（4 分）

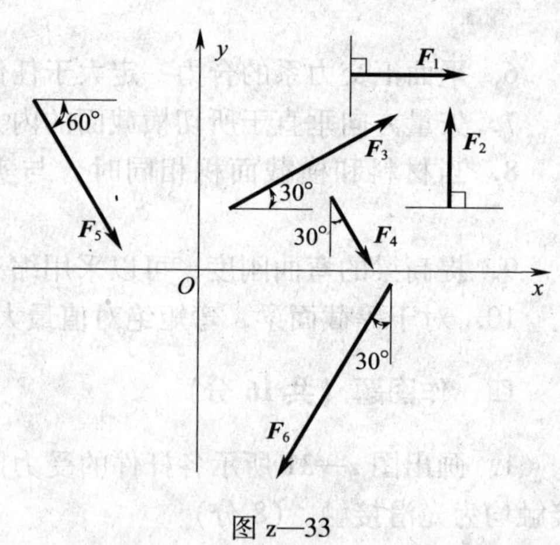

图 z—33

2. 如图 z—34 所示，一固定圆环受三条绳索的拉力作用，力 $\boldsymbol{F}_1$沿水平方向，力 $\boldsymbol{F}_2$与水平方向成40°角，力 $\boldsymbol{F}_3$沿铅垂方向。已知 $F_1=2$ kN，$F_2=4$ kN，$F_3=3$ kN。试用解析法求合力的大小。(5 分)

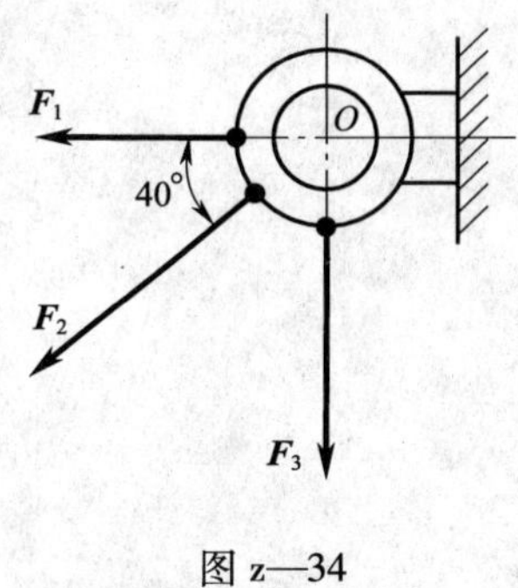

图 z—34

3. 如图 z—35 所示，已知 $F=100$ N，$l_a=80$ mm，$l_b=15$ mm，试求力 $\boldsymbol{F}$ 对点 A 的力矩。(5 分)

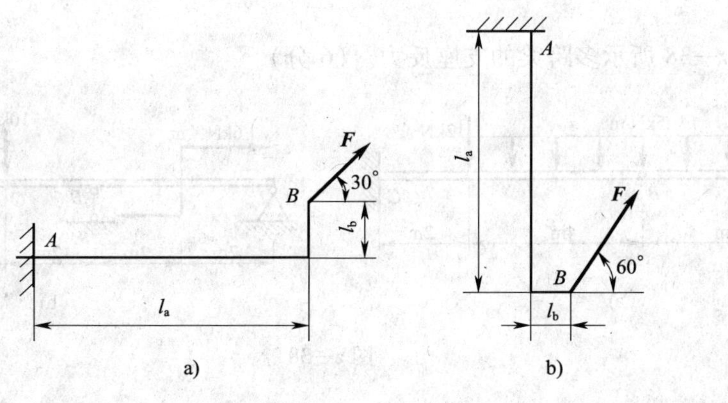

图 z—35

4. 如图 z—36 所示，在三角架 ABC 的销钉 B 上，挂一重 200 N 的物体，已知 $\alpha=45°$，$\beta=30°$。如不计杆的自重，试求杆 AB 和 BC 所受的力。(6 分)

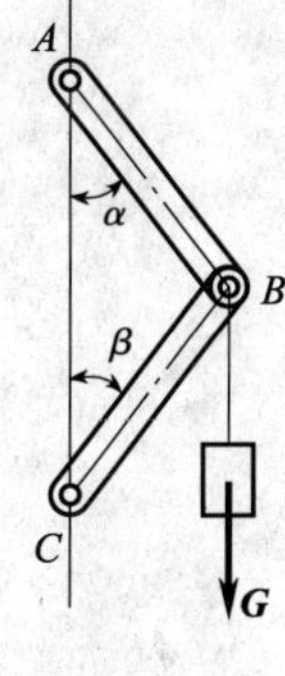

图 z—36

5. 在图 z—37 所示压榨机构 *ABC* 中，*A*、*C* 两处是铰链，*B* 处是固定铰支座，作用在铰链 *A* 处的水平力 ***F*** 使压块 *C* 压紧物体 *D*，若不计各接触面的摩擦，试求物体 *D* 所受的压力。(6 分)

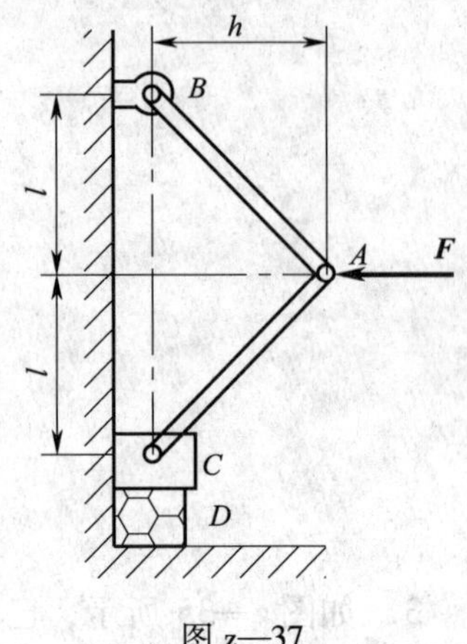

图 z—37

6. 求图 z—38 所示多跨梁的支座反力。(6 分)

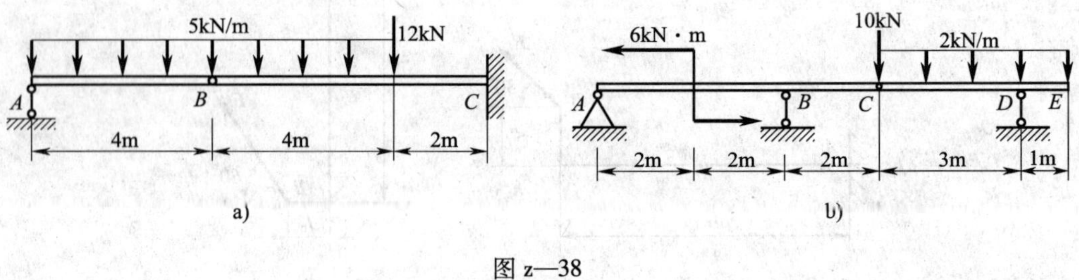

图 z—38

7. 跳水运动的跳板如图 z—39 所示，设运动员体重为 800 N，跳板材料的容许应力为［σ］ =45 MPa。试确定跳板厚度 δ。(6 分)

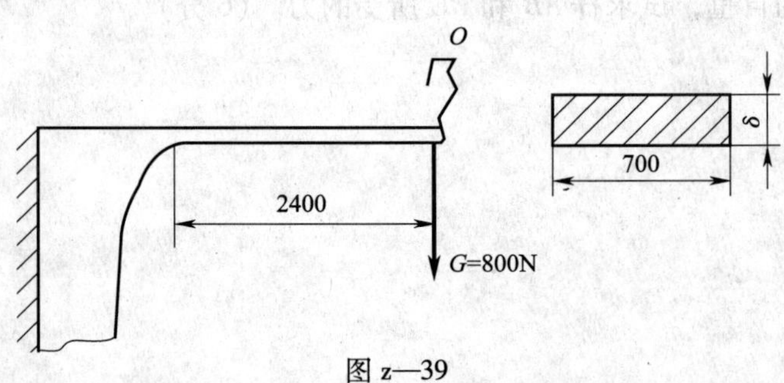

图 z—39

8．结构受力简图如图 z—40 所示，D、E 二处为刚结点。各杆的弯曲刚度均为 EI，且 F、l、EI 等均为已知。试用叠加法求加力点 C 处的挠度和支撑 B 处的转角，并大致画出 AB 部分的挠度曲线形状。(6 分)

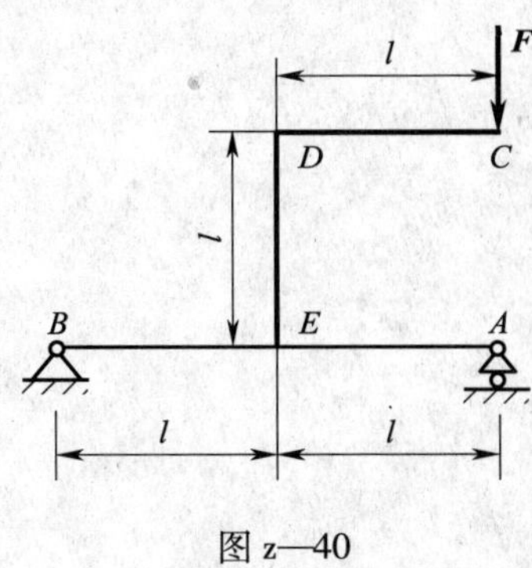

图 z—40